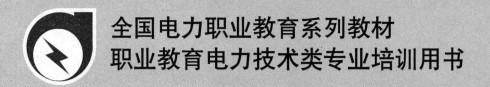

全国电力职业教育系列教材
职业教育电力技术类专业培训用书

电工技术

U0393820

李斌勤　邓振利　编

刘　晔　主审

中国电力出版社
CHINA ELECTRIC POWER PRESS

内 容 提 要

本书为全国电力职业教育系列教材。

全书共分为六章，主要内容包括电路的基本概念和基本定律、直流电路的分析、正弦交流电路、三相正弦交流电路、磁路和变压器、电机及其控制等。每章后附有技能训练及习题，便于教学。

本书可作为高职高专院校非电类工程专业电工技术课程的教材，还可作为考取电工类各工种职业资格证书的培训教材。

图书在版编目（CIP）数据

电工技术/李斌勤，邓振利编. —北京：中国电力出版社，2012.9（2022.10 重印）

全国电力职业教育规划教材

ISBN 978 - 7 - 5123 - 3436 - 6

Ⅰ. ①电⋯ Ⅱ. ①李⋯ ②邓⋯ Ⅲ. ①电工技术-职业教育-教材 Ⅳ. ①TM

中国版本图书馆 CIP 数据核字（2012）第 200625 号

中国电力出版社出版、发行

（北京市东城区北京站西街 19 号 100005 http://www.cepp.sgcc.com.cn）
三河市百盛印装有限公司印刷
各地新华书店经售

*

2012 年 9 月第一版 2022 年 10 月北京第七次印刷
787 毫米×1092 毫米 16 开本 10 印张 237 千字
定价 20.00 元

前　言

为适应现代社会人才多样化的需求，更好地满足高等职业教育教学改革的需要，根据高职高专院校非电类工程专业电工学课程教学大纲的基本要求编写了本教材，供工程专科非电类专业电工技术课程教学使用。全书将基本技能训练贯穿于理论教学之中，参考学时为60～70学时。

本书主要内容包括电路的基本概念和基本定律、直流电路的分析、正弦交流电路、三相正弦交流电路、磁路和变压器、常用电机及其控制等。考虑到各专业教学的不同要求，各院校和专业可根据实际需求选学所需内容。尤其是书中标带 * 的章节可作为选学内容。

本书的特点如下。

(1) 全书在内容的选择上，遵循"以应用为目的，以够用为度"的原则，注重高职高专应用型人才"必需"能力的培养，而且要为后续课程提供"够用"的基础知识。

(2) 全书在内容表述上力求文字简明、逻辑清楚、概念突出、讲解到位、插图规范、例题典型，使学生易学易懂。

(3) 各章节在内容的编排上注意突出基本概念和基本方法，注重问题的分析与归纳，且将基本技能训练紧密贯穿于对应的理论教学之中，有利于学生学以致用、巩固重点。

本书第一、二、六章由重庆电力高等专科学校邓振利老师编写，第三、四、五章由重庆电力高等专科学校李斌勤老师编写。本书由西安交通大学刘晔教授主审，并提出了许多宝贵意见。

本书在编写过程中，参阅了大量现有的同类教材，并得到了很多同事的大力支持和帮助，尤其是重庆电力高等专科学校的石红老师和蒲晓湘老师，提供了大量宝贵的素材和许多宝贵的意见和建议，在此一并深表感谢。

由于编者水平有限，书中内容难免有疏漏和不当之处，敬请广大师生和读者批评指正。

编　者

2012 年 7 月

目 录

第 一 章

电路的基本概念和基本定律

电路是电工技术和电子技术的基础,它是为学习后面的电子电路、电机电路以及控制与测量电路打基础的。

本章主要讨论电路的基本概念、电路的主要物理量、电压和电流的参考方向、主要电路元件,以及电路的基尔霍夫定律等。

 【知识目标】

(1)了解电路的组成及其基本物理量的意义、单位和符号。

(2)掌握电压、电流的概念及参考方向的规定。

(3)掌握基尔霍夫定律的内容及其在电路分析与计算中的应用。

(4)了解电压源及电流源元件的特性,了解相关电路基本元器件。

 【技能目标】

(1)学会万用电表的基本使用。

(2)学习直流稳压电源、直流电压表,以及直流电流表等仪器的正确使用。

(3)加深对线性电阻、理想电源和实际电源等概念的理解,并学会线性电阻元件伏安特性的测试方法。

课题一 电路及其物理量

一、电路

电路或称网络,简单地说就是电流流通的路径。它是由某些电气设备和元器件为实现能量的输送和转换,或者实现信号的传递和处理而按一定方式连接起来后的总称。电路通常由电源、负载及中间环节组成。

常用的各种照明电路和动力电路就是用来输送和转换能量的。如图1-1所示的电力系统,发电厂的发电机把机械能转换为电能,通过变压器、输电线路输送给用户,再通过电动机把电能转换为机械能,或者通过电灯把电能转换为光能、热能等。一般把能将其他形式能量转换为电能的设备或器件称为电源,如发电机、干电池等;而把能将电能转换为其他形式能量的设备或器件称为负载,如电动机、电炉和电灯等。连接电源和负载的部分称为中间环节,它起传输和分配电能的作用,如变压器、输电线路等。

在电子技术和非电量测量中,会遇到另一

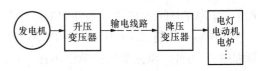

图1-1 电力系统组成框图

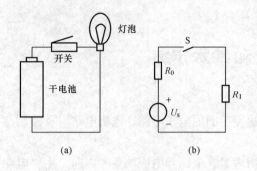

图 1-2　电路图

(a) 实际电路；(b) 电路模型

类以传递和处理信号为主要目的的电路。常见的例子如扩音机，传声器（话筒）将声音变成电信号，经过放大器的放大，送到扬声器再变成声音输出。话筒是输出信号的设备，称为信号源，相当于电源；扬声器是接收和转换信号的设备，也就是负载。

在电视机、音响设备、通信系统、计算机和电力网络中可以看到各种各样的电路，它们都是物理实体，称为实际电路，如图 1-2（a）所示。

二、电路模型

为了对电路进行分析和计算，通常将实际电路器件近似化和理想化，把在一定条件下，忽略其次要电磁性质，仅考虑其主要电磁特性的理想电路元件简称为电路元件。例如在图 1-2（a）中，小灯泡（电阻器）不但发热而消耗电能，而且在其周围还会产生一定的磁场，在允许的误差范围内，可以不考虑小灯泡产生磁场的作用，而只考虑小灯泡发热并且消耗电能的作用。所以，在一定条件下，可以认为电阻元件是一种只表示消耗电能的元件，电感元件是反映可以储存磁场能量的元件，而电容元件是反映可以储存电场能量的元件。

如果将实际电路用一个或很多个理想电路元件经理想导线连接起来模拟，就构成了实际电路的电路模型。图 1-2（b）便是图 1-2（a）的电路模型。

电路可分为集总参数电路和分布参数电路。集总就是把电路中的电场和磁场分开，磁场只与电感元件相关，电场只与电容元件相关，两种场之间不存在相互作用。本书研究的都是集总参数电路，以后不另加说明。

三、电路基本物理量

1. 电流

电荷的定向运动形成电流。衡量电流大小的物理量是电流强度，定义为单位时间内通过导体横截面的电荷量，简称电流，用字母 i 表示。

设在 dt 时间内通过导体某一横截面的电荷量为 dq，则通过该截面的电流为

$$i = \frac{dq}{dt}$$

电流强度在数值上等于单位时间内通过导体横截面的电荷量。

电流既有大小又有方向。大小和方向都不随时间改变的电流，称为直流电流，简称直流，用大写字母 I 表示，即

$$I = \frac{q}{T}$$

式中：q 为在时间 T 内通过某处的电荷量。

在国际单位制（SI）中，电流的单位是 A（安培，简称安）。电荷量的单位是 C（库仑，简称库）。另外，电流常用的单位还有 kA（千安）、mA（毫安）、μA（微安）等。当每秒均匀通过导体横截面的电荷量为 1C 时，电流大小为 1A。

习惯上将正电荷定向移动的方向规定为电流的实际方向。在分析复杂电路时，往往事先

难以判断某电流的实际方向，可任意假定某一方向作为此电流的参考方向用箭头或者双下标表示，如图1-3所示。

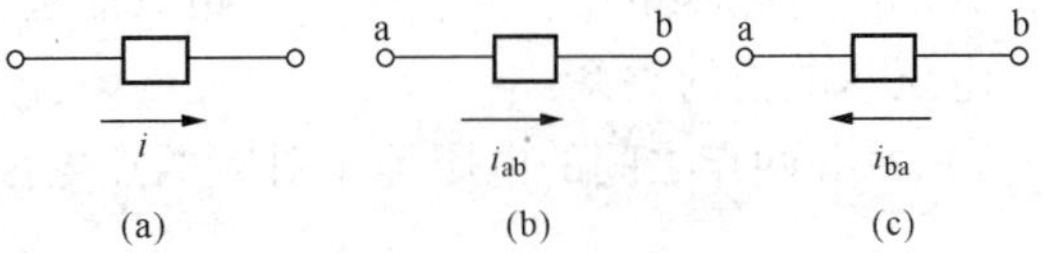

若所选的电流参考方向和电流的实际方向一致，则该电流为正值；若两者方向相反，则电流为负值。图1-3中显然有

$$i_{ab} = -i_{ba}$$

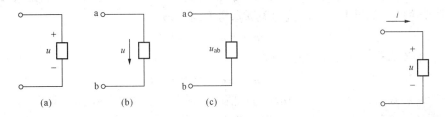

图1-3 电流的参考方向

2. 电压、电位及电动势

(1) 电压。在电场中，电荷在电场力的作用下，从一点移动到另一点时，电场力所做的功只与两点的位置有关，而与移动的路径无关。引入电压，用来衡量电场力移动电荷做功能力的大小。因此，定义在电场力的作用下，单位正电荷从一点移动到另一点电场力所做的功为这两点间的电压，用 u 表示。

设正电荷 dq 由 a 点移到 b 点电场力所做的功为 dW，则 a、b 两点间的电压

$$u_{ab} = \frac{dW}{dq}$$

在国际单位制 (SI) 中，能量的单位为 J (焦耳，简称焦)；电压的单位为 V (伏特，简称伏)。另外电压常用单位还有 kV (千伏)、mV (毫伏)、μV (微伏) 等。

电压也和电流一样，既有大小也有方向。电压的方向为正电荷运动其能量减少的方向，即电压降低的方向，习惯上称为电压的实际方向。

与电流相同，在分析计算电路时，先任意规定某一方向作为电压的方向，称为参考方向。其表示形式一般有三种。

1) 采用参考极性表示。在电路图上标出正 (+)、负 (-) 极性，如图1-4 (a) 所示，正极指向负极的方向就是电压的参考方向。

2) 采用箭头表示。用箭头表示在电路图上，如图1-4 (b) 所示，由 a 至 b 的方向就是电压的参考方向。

3) 采用双下标表示。如图1-4 (c) 所示，u_{ab} 表示电压的参考方向由 a 至 b。

电流的参考方向和电压的参考方向可以分别独立设定。但为了分析方便，常使同一个元件的电流参考方向与电压参考方向一致，如图1-5所示。这种元件的电压和电流参考方向一致的称为关联参考方向，相反则为非关联参考方向。

图1-4 电压的参考方向

(a) 参考极性表示方法；(b) 箭头表示方法；(c) 双下标表示方法

图1-5 电压和电流的
关联参考方向

后文如不加说明，都按照关联参考方向选择。因此，对于一段电路或者一个元件，只需标识出电流或电压一个参考方向即可。

(2) 电位。在电子电路的分析和电气设备的检修调试时，常用到电位这一物理量。在

电路中，任选一点作为参考点，则某一点对参考点的电压称为该点的电位，常用字母 V 表示，其单位与电压单位相同。一个电路只能选一个参考点，并规定参考点电位为零。

电压与电位的关系：

1）a、b 两点之间的电压等于对应两点电位之差，即

$$u_{ab} = V_a - V_b \tag{1-1}$$

式中：V_a 为 a 点电位；V_b 为 b 点电位。

2）电位的大小与参考点的选择有关，而电压的大小与参考点的选择无关。

由式（1-1）可见：当 $V_a > V_b$，即 a 点电位高于 b 点时，$u_{ab} > 0$；反之，则 $u_{ab} < 0$。

在分析电路时，电位参考点的选择原则上是任意的，但实际中常选择大地、设备外壳或接地点作为参考点。选择大地作为参考点时，在电路图中用符号"⏚"表示，有些设备的外壳接地，凡是与外壳相连的各点，均是零电位点。有些设备外壳不接地，则选择许多导线的公共点（也可是外壳）作参考点，电路中用符号"⊥"表示。

（3）电动势。电动势是描述电源对外做功本领的一个物理量。在电场力作用下，正电荷从高电位点运动到低电位点。为了在电路中形成电流，在电源中必须有电源力把正电荷从低电位点推向高电位点，即把正电荷从电源负极移向电源正极。在此过程中，电源便把其他形式的能量转变为电能。电源的电动势就是表明单位正电荷在电源力作用下由电源负极移动到电源正极电源力所做的功，用符号 e 表示。电磁学中电动势的实际方向规定为电位升高的方向，电动势的参考方向与电压的参考方向之间的关系如图 1-6 所示，即 $u = e$。其单位与电压单位相同。

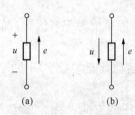

图 1-6　电压和电动势的参考方向

3. 电功率和电能

（1）电功率。传送或转换电能的速率叫电功率，简称功率，用 p 表示。功率 p、电能 W 和电路中电压、电流的关系是（电压、电流为关联参考方向）

$$p = \frac{dW}{dt} = u\frac{dq}{dt} = ui$$

直流时

$$P = UI$$

功率的 SI 单位为 W（瓦特，简称瓦）。常用的功率单位还有 kW（千瓦）、MW（兆瓦）。计算功率时，如果电压、电流为关联参考方向，则

$$p = ui \quad \text{或} \quad P = UI \tag{1-2}$$

如果电压、电流为非关联参考方向，则

$$p = -ui \quad \text{或} \quad P = -UI \tag{1-3}$$

由式（1-2）和式（1-3）得到的功率为正值时，说明这部分电路吸收（消耗）功率；若为负值时，则说明这部分电路提供（产生）功率。由能量守恒定律可知，电路的功率是平衡的，即电路吸收（消耗）功率之和等于电路提供（产生）功率之和，达到能量平衡。

（2）电能。从 t_1 到 t_2 时间内，电路吸收（消耗）的电能为

$$W = \int_{t_1}^{t_2} p\,dt \tag{1-4}$$

直流时

$$W = P(t_2 - t_1) \qquad\qquad (1-5)$$

电能的 SI 单位为 J（焦耳，简称焦）。在实用上还采用 kW·h（千瓦·小时）作为电能的单位。1kW·h=1000W×3600s=3.6×10^{6}J=3.6MJ。

一般说来，每一电气设备或器件在工作时都有一定的使用限额，这种限额称为额定值，包括额定电压、额定电流和额定功率。这些电气设备或器件在额定电压下才能正常、合理和可靠地工作，电压过高会损坏设备或器件，过低则功率不足（如电灯变暗等）。

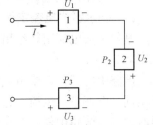

图 1-7　[例 1-1] 图

【例 1-1】　图 1-7 所示为直流电路，$U_1 = -8$V，$U_2 = 4$V，$U_3 = -3$V，$I = 1$A，求各元件的功率 P_1、P_2、P_3，并求整个电路的功率 P。

解：元件 1 的电压、电流为关联参考方向，则

$$P_1 = U_1 I = (-8) \times 1 = -8\text{W} \quad (\text{提供 8W})$$

元件 2 和元件 3 的电压、电流为非关联参考方向，则

$$P_2 = -U_2 I = -4 \times 1 = -4\text{W} \quad (\text{提供 4W})$$

$$P_3 = -U_3 I = -(-3) \times 1 = 3\text{W} \quad (\text{吸收 3W})$$

整个电路的功率为

$$P = P_1 + P_2 + P_3 = -8 + (-4) + 3 = -9\text{W} \quad (\text{提供 9W})$$

思考与讨论

1. 为何需要假定电流或电压的参考方向？参考方向可以随意假定，是否也可随时随意改变？

2. 对比并理解利用电压、电流的参考方向和实际方向来计算电功率的区别。

课题二　基 尔 霍 夫 定 律

基尔霍夫定律是分析集总参数电路的基本定律，它从电路结构上反映了电路中所有支路电压和电流所遵循的基本规律。基尔霍夫定律包括基尔霍夫电流定律和基尔霍夫电压定律。为了说明该定律，先介绍电路的一些名词概念。

一、几个名词概念

以图 1-8 为例，介绍电路的支路、节点及回路等概念。图中方框表示二端元件。

将电路中由元件组成的一段没有分支的路径称为支路。图 1-8 中元件 1、2、3 为一条支路，元件 4、5 为一条支路，元件 6、7 为一条支路，元件 8 和元件 9 分别构成一条支路，共有 5 条支路。三条及三条以上支路连接在一起的点叫做节点，图中共有 c、e、g 三个节点。

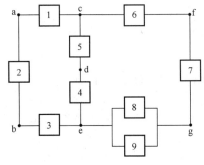

图 1-8　电路名词说明

在电路中，任何一条闭合的路径叫做回路。图 1-8 中元件 1、5、4、3、2 组成一个回路，元件 8、9 也组成一个回路等。平面电路中没有被支路穿过的回路叫做网孔。图 1-8 中，元件 1、5、4、3、2 组成的回路称为网孔，元件 6、7、9、4、5 组成的回路不称为网孔。

流过支路的电流称为支路电流，支路两端之间的电压称为支路电压。

二、基尔霍夫电流定律（KCL）

基尔霍夫电流定律给出了电路中各个支路电流之间的约束关系，也叫基尔霍夫第一定律（简称 KCL）。

电路中的任何一个节点均不能累积电荷，流入某处某一电荷量的电荷，必须同时从该处流出同一电荷量的电荷，这一结论称为电流的连续性原理。因此，它的内容可表述为在任一瞬时，流入电路中任一节点的支路电流之和等于流出该节点的支路电流之和，这就是基尔霍夫电流定律。它是电流连续性的一种表现形式。如图 1-9 所示，电路中的一个节点 a，流入节点的电流为 i_1、i_3 和 i_4，流出节点的电流为 i_2 和 i_5，则

$$i_1 + i_3 + i_4 = i_2 + i_5$$

整理得

$$i_1 + i_3 + i_4 - i_2 - i_5 = 0$$

于是基尔霍夫电流定律可以换一种更常用的描述：任何一个瞬时，流入任何电路任一节点的各个支路电流的代数和为零。其数学表达式为

$$\sum i = 0 \qquad\qquad (1-6)$$

对于直流电路，KCL 可写成

$$\sum I = 0 \qquad\qquad (1-7)$$

在以上两式中，按电流的参考方向列写方程，规定流入节点的电流取正号，流出节点的电流取负号。当然，也可作相反规定，其结果是一样的。

KCL 不仅适于电路的任一节点，还可以推广到电路的任一假设的封闭面。如图 1-10 所示，电路 A 中有 3 条支路与电路的其余部分连接，其流出的电流为 i_1、i_2 和 i_3。根据电流连续性原理，封闭面内同样不能累积电荷，流入和流出该封闭面的电流同样应该相等，故有

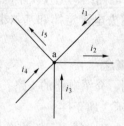

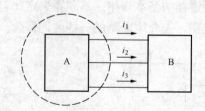

图 1-9　说明 KCL 的电路　　　　图 1-10　KCL 应用于假设的封闭面

$$i_1 + i_2 + i_3 = 0$$

另外，根据 KCL 可知，流过同一支路的是同一个电流。

【例 1-2】 某节点的电流如图 1-11 所示，求 i。

解： 如果规定流入节点的电流为正，则流出为负，根据 KCL 得

$$2+5+i-4=0 \Rightarrow i=-3\text{A}$$

如果规定流出节点的电流为正，流入为负，则

$$-i+4-2-5=0 \Rightarrow i=-3\text{A}$$

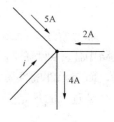

图 1-11 ［例 1-2］图

由此说明，在列写 KCL 方程时，规定流入的电流为正，或者规定流出的电流为正，并不影响计算结果。但是在同一个 KCL 方程中，规定必须一致。

三、基尔霍夫电压定律 (KVL)

基尔霍夫电压定律描述了电路中任一闭合回路内各段电压必须服从的约束关系，它与支路元件的性质无关。不管什么性质的元件，当它们连接成回路时，各元件电压之间必须遵循基尔霍夫电压定律。基尔霍夫电压定律也叫基尔霍夫第二定律（简称 KVL）。它的内容可表述为：任一时刻，沿任一电路的任一回路绕行一周，各段电压的代数和为零。电压参考方向与回路绕行方向一致时，该电压项前取正号，否则取负号。其数学表达式为

$$\sum u=0 \tag{1-8}$$

对于直流电路，KVL 可写成

$$\sum U=0 \tag{1-9}$$

如图 1-12 所示，沿回路 1、2、3、4、1 顺时针绕行一周，则

$$U_2+U_3+U_4-U_6=0$$

KVL 方程还可以推广到电路中的假想回路，如图 1-13 所示的假想回路 abca，其中 ab 段未画出支路，设其电压为 u，则顺时针绕行一周，按图中各电压的参考方向可列出

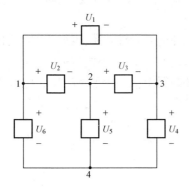

图 1-12 说明 KVL 的电路图

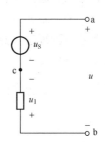

图 1-13 KVL 应用于假想回路

$$u+u_1-u_S=0$$

或

$$u=u_S-u_1$$

即电路中任意两点间的电压等于这两点间沿任意路径各段电压的代数和。

【例 1-3】 电路如图 1-14 所示，求 u_1 和 u_2。

解：沿回路 abcda 顺时针绕行一周，则

$$10-5-7-u_1=0 \Rightarrow u_1=-2\text{V}$$

沿回路 aeba 顺时针绕行一周，则

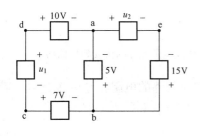

图 1-14 ［例 1-3］图

$$u_2 - 15 + 5 = 0 \Rightarrow u_2 = 10\text{V}$$

综上所述，KCL规定了电路中任一节点的支路电流必须服从的约束关系，KVL规定了电路中任一回路的各段电压必须服从的约束关系。这两个定律仅与元件的相互连接方式有关，而与元件的性质无关，所以这种约束称为拓扑约束。无论元件是线性的还是非线性的，电路是直流的还是交流的，KCL和KVL总是成立的。

思考与讨论

在图1-10中，按图中假设的电流参考方向，这三个电流有无可能都是正值？

课题三　理想电路元件

一、电阻元件

导体或半导体对电流的阻碍作用叫做电阻作用。电阻使得导体或半导体通过电流时进行着把电能转换成热能或其他形式能量的不可逆过程。电炉、电烙铁等就是利用电阻作用而发热发光的。如果一个元件通过电流总是消耗能量，那么其电压的方向总是和电流的方向一致。电阻元件就是消耗能量的电路器件。

电阻元件是一个二端元件，它的电压和电流的方向总是一致的，其电压、电流的大小成代数关系。电阻元件的特性可以用电压、电流的代数关系表示。由于电压、电流的SI单位是V（伏）、A（安），所以电压电流关系也叫伏安特性。在u-i坐标平面上表示元件电压电流关系的曲线称为伏安特性曲线。

如果伏安特性曲线是通过坐标原点的直线，这种电阻元件就称为线性电阻元件，简称电阻，不符合这个要求的电阻元件就称为非线性电阻元件，本章只讨论线性电阻元件。

线性电阻元件是一种理想电路元件，它的符号如图1-15所示，电压、电流为关联参考方向，其伏安特性曲线如图1-16所示，且表达式为

$$u = Ri \qquad\qquad (1-10)$$

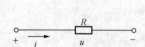

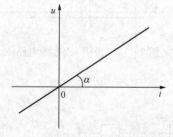

图1-15　线性电阻元件的符号　　　　　　图1-16　线性电阻元件的伏安特性曲线

这就是我们熟悉的欧姆定律。其中u、i为电路的变量，R为元件的电阻，是一个常量，其定义为

$$R = \frac{u}{i} \qquad\qquad (1-11)$$

电阻的 SI 单位是 Ω（欧姆，简称欧）。常用的单位还有 kΩ（千欧）、MΩ（兆欧）等。线性电阻元件也可用电导表征，电导用符号 G 表示，其定义为

$$G = \frac{1}{R} \tag{1-12}$$

电导的 SI 单位为 S（西门子，简称西）。用电导表征线性电阻元件时，欧姆定律可表示为

$$i = Gu \tag{1-13}$$

当电压、电流为非关联参考方向时，欧姆定律应写成

$$u = -Ri \quad \text{或} \quad i = -Gu \tag{1-14}$$

无论电阻元件的电压、电流是否为关联参考方向，都可以得到电阻元件吸收（消耗）功率的另外两个计算式

$$p = Ri^2 = \frac{i^2}{G} \quad \text{或} \quad p = \frac{u^2}{R} = Gu^2 \tag{1-15}$$

可见，电阻元件总是吸收（消耗）功率，是一种耗能元件。

如果电阻元件把吸收的电能转换成热能，依照式（1-4），从 t_1 到 t_2 时间内，电阻元件在这段时间内吸收（消耗）的电能 W 为

$$W = \int_{t_1}^{t_2} p \, \mathrm{d}t = \int_{t_1}^{t_2} Ri^2 \, \mathrm{d}t = \int_{t_1}^{t_2} \frac{u^2}{R} \, \mathrm{d}t \tag{1-16}$$

直流时

$$W = P(t_2 - t_1) = PT = RI^2 T = \frac{U^2}{R} T \tag{1-17}$$

式中 $T = t_2 - t_1$ 是电流通过电阻的总时间。

线性电阻元件有两种特殊情况需注意：一种情况是 R 为无限大（G 为零），电压为任何有限值时，电流总为零，这时把它称为开路；另一种情况是 R 为零（G 为无限大），电流为任何有限值时，电压总为零，这时把它称为短路。如果电路中的一对端子之间呈断开状态，相当于 $R = \infty$ 的电阻，如果端子间用理想导线连接起来，称端子为短路，相当于 $R = 0$ 的电阻。

【例 1-4】 有一个 1000Ω 的电阻，流过它的直流电流为 100mA，问电阻电压是多少？消耗的功率是多少？每分钟产生的热量是多少？

解： 电阻电压为　$U = RI = 1000 \times 100 \times 10^{-3} = 100$（V）

消耗的功率为　$P = UI = 100 \times 100 \times 10^{-3} = 10$（W）

每分钟（60s）产生的热量为　$W = PT = 10 \times 60 = 600$（J）

二、电感元件

电感元件是实际线圈的理想化模型，并假定它是由无电阻导线螺绕而成。当给实际线圈通以电流以后，在线圈内部就会产生磁场，形成与线圈交链的磁链，并储存磁场能量。当忽略导线电阻及线圈匝间电容时，就可用一个理想电感元件来模拟实际线圈，该元件的性能就是储存磁场能量。

如果电感元件的电流 i 与磁链 ψ 的方向符合右手螺旋法则，电流与磁链的大小成正比关系，则称该电感元件为线性电感元件，其比例系数用 L 表示，即

$$L = \frac{\psi}{i} \tag{1-18}$$

为一常数，称为它的电感。式中磁链 ψ 的 SI 主单位是 Wb（韦伯，简称韦），电感 L 的 SI 主

单位是 H（亨利，简称亨）。

线性电感元件又简称电感，其图形符号如图 1-17 所示。除非特别指出，否则本书中出现的电感元件都是线性电感元件。

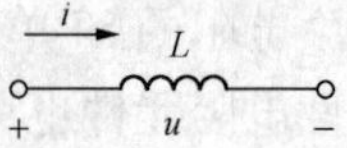

图 1-17 线性电感元件符号

1. 电压与电流关系

由电磁感应定律可知，当电感元件的磁链 ψ 随产生它的电流 i 变化时，会在元件两端产生感应电压 u。如选择 u、i 的参考方向相关联（如图 1-17 所示），i、ψ 的参考方向符合右手螺旋法则，则

$$\psi = Li \qquad (1-19)$$

$$u = \frac{\mathrm{d}\psi}{\mathrm{d}t} = L\frac{\mathrm{d}i}{\mathrm{d}t} \qquad (1-20)$$

式（1-20）表明，电感元件的电压正比于电流的变化率，只要电流变化，电压就不会为零。在直流电路中，电感元件中的电流不变，所以电压为零，这时电感元件相当于短路。

2. 磁场能量

在电感元件中，由电流产生的磁场能够储存磁场能量，这些能量由电感元件从电路中吸收的电能转变而来。在电压和电流的关联参考方向下。电感元件吸收的功率为

$$p = ui = L\frac{\mathrm{d}i}{\mathrm{d}t}i \qquad (1-21)$$

在 $\mathrm{d}t$ 时间内，电感元件吸收的能量为

$$\mathrm{d}W_{\mathrm{L}} = p\mathrm{d}t = Li\,\mathrm{d}i \qquad (1-22)$$

当电流从零增大到 i 时，它吸收的能量总共为

$$W_{\mathrm{L}} = \int_0^i Li\,\mathrm{d}i = \frac{1}{2}Li^2 \qquad (1-23)$$

就是这些能量转变为磁场能量由电感元件所储存。式中如 L、i 的单位分别为 H、A，则 w_{L} 的单位为 J。

式（1-23）表明，电感元件所储存的能量随电流变化，当电流增大，它的储能就增加，它从外部吸收能量；当电流减小，它的储能就减少，它向外部释放能量。它能够释放的能量等于它所吸收的能量，说明它并不消耗能量。所以，电感元件是一种储能元件，同时也是一种无源元件。

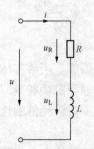

图 1-18 ［例 1-5］图

【例 1-5】 在图 1-18 所示电路中，已知 $R=10\Omega$，$L=2\mathrm{H}$，$i=4\mathrm{e}^{-3t}-6\mathrm{e}^{-2t}\mathrm{A}$，试求 u。

解： 电阻电压为

$$u_{\mathrm{R}} = Ri = 10 \times (4\mathrm{e}^{-3t} - 6\mathrm{e}^{-2t}) = 40\mathrm{e}^{-3t} - 60\mathrm{e}^{-2t} \ (\mathrm{V})$$

电感电压为

$$u_{\mathrm{L}} = L\frac{\mathrm{d}i}{\mathrm{d}t} = 2 \times \frac{\mathrm{d}}{\mathrm{d}t}(4\mathrm{e}^{-3t} - 6\mathrm{e}^{-2t}) = -24\mathrm{e}^{-3t} + 24\mathrm{e}^{-2t} \ (\mathrm{V})$$

从而

$$u = u_{\mathrm{R}} + u_{\mathrm{L}} = 40\mathrm{e}^{-3t} - 60\mathrm{e}^{-2t} - 24\mathrm{e}^{-3t} + 24\mathrm{e}^{-2t} = 16\mathrm{e}^{-3t} - 36\mathrm{e}^{-2t} \ (\mathrm{V})$$

三、电容元件

电容元件是实际电容器的理想化模型。实际电容器是由被绝缘介质隔开的两个导体（称为极板）所构成，接上电源后，极板上分别聚集起等量的异性电荷，在介质中建立起电场，

并储存有电场能量。电源移去后，电荷可以继续聚集在极板上，电场继续存在。如果忽略电容器的介质损耗和漏电流，就可用一个理想的二端元件来模拟它，这个二端元件就是电容元件，它的性能就是储存电场能量。

如果用 q 表示电容元件每一极板上的电荷量，用 u 表示元件两端的电压，电压的方向规定为由正极板指向负极板，电荷量与电压大小成正比关系，则称为线性电容元件，其比例系数用 C 表示，即

$$C = \frac{q}{u} \tag{1-24}$$

为一常数，称为它的电容。式中电荷的 SI 主单位是 C（库），电容的 SI 主单位是 F（法拉，简称法）。

线性电容元件又简称电容，其图形符号如图 1-19 所示。除非特别指出，否则本书中所涉及的电容元件都是线性电容元件。

1. 电压与电流关系

电容电路中的电流是由电容元件极板间电压 u 变化产生的。极板上的电荷随电压 u 变化，电荷的转移便产生了电流 i。选择电流 i 与电压 u 的参考方向相关联，如图 1-19 所示。

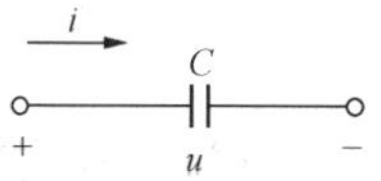

图 1-19　线性电容元件的符号

如果在 dt 时间内，极板上改变的电荷量为 dq，则由 $q=Cu$ 可得

$$i = \frac{\mathrm{d}q}{\mathrm{d}t} = C\frac{\mathrm{d}u}{\mathrm{d}t} \tag{1-25}$$

式（1-25）表明，电容元件的电流正比于电压的变化率，只要电压变化，电路中就有电流产生。在直流电路中，电容元件的电压不随时间变化，所以电流为零，这时电容元件相当于开路。由此可见，电容元件具有隔断直流的作用。

当为非关联参考方向时，上述表达式前要冠以负号，即

$$i = -C\frac{\mathrm{d}u}{\mathrm{d}t} \tag{1-26}$$

不论是电感元件，还是电容元件，由于它们的电压与电流关系均为导数关系，因此，它们都称为动态元件。

2. 电场能量

在电容元件中，由极板上的电荷建立的电场能够储存电场能量，这些能量由电容元件从电路中吸收的电能转变而来。

在电压和电流的关联参考方向下，电容元件吸收的功率为

$$p = ui = Cu\frac{\mathrm{d}u}{\mathrm{d}t} \tag{1-27}$$

在 dt 时间内，电容元件吸收的能量为

$$\mathrm{d}W_\mathrm{C} = p\mathrm{d}t = Cu\mathrm{d}u$$

当电压从零增大到 u 时，它吸收的能量总共为

$$W_\mathrm{C} = \int_0^u Cu\,\mathrm{d}u = \frac{1}{2}Cu^2 \tag{1-28}$$

就是这些能量转变为电场能量由电容元件所储存。式中，如 C、u 的单位分别为 F、V，则 W_C 的单位为 J。

式（1-28）表明，电容元件所储存的能量随电压变化。当电压升高时，它的储能就增加，它从外部吸收能量；当电压降低时，它的储能就减少，它向外部释放能量。它能够释放的能量等于它所吸收的能量，说明它并不消耗能量。所以，电容元件是一种储能元件，同时也是一种无源元件。

【例1-6】 在图1-20所示电路中，已知 $R=10\Omega$，$C=0.5\text{F}$，$i_\text{R}=6\text{e}^{-4t}\text{A}$，试求 i。

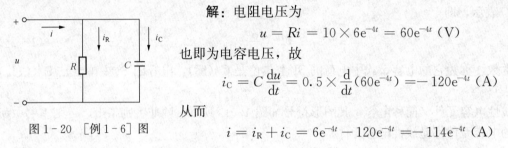

图1-20　[例1-6]图

解：电阻电压为

$$u=Ri=10\times6\text{e}^{-4t}=60\text{e}^{-4t}\ (\text{V})$$

也即为电容电压，故

$$i_\text{C}=C\frac{\text{d}u}{\text{d}t}=0.5\times\frac{\text{d}}{\text{d}t}(60\text{e}^{-4t})=-120\text{e}^{-4t}\ (\text{A})$$

从而

$$i=i_\text{R}+i_\text{C}=6\text{e}^{-4t}-120\text{e}^{-4t}=-114\text{e}^{-4t}\ (\text{A})$$

思考与讨论

1. $R=4\Omega$ 的电阻与 $C=0.4\text{F}$ 的电容串联，已知电容电压 $u_\text{C}=4\text{e}^{-2t}\text{V}$，试求该串联电路的端电压。

2. $R=2\Omega$ 的电阻与 $L=0.5\text{H}$ 的电感并联，已知电感电流 $i_\text{L}=4\text{e}^{-2t}\text{A}$，试求该并联电路的总电流。

3. 在直流电路中，电容元件为什么相当于开路？电感元件为什么相当于短路？

课题四　电压源与电流源

一、电压源

向电路供给能量或提供信号的设备叫电源。理想电压源简称电压源，是一个二端元件，它的电压总保持为给定值或为给定的时间函数，与通过它的电流无关。所以理想电压源也叫独立电压源（与其相对的另一种为非独立电压源，也叫电压受控源，本书不作介绍）。

一般，电压源的符号如图1-21（a）所示，其中 u_S 为电压源电压，"+"、"−"是参考极性。图1-21（b）为直流电压源的符号，其电压 U_S 等于定值。图1-21（c）表示直流电压源的伏安特性曲线，是一条平行电流轴且纵坐标为 U_S 的直线。

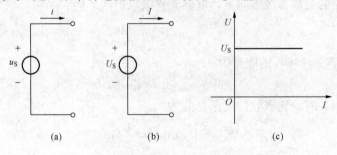

图1-21　电压源

(a)电压源符号；(b)直流电压源符号；(c)直流电压源的伏安特性曲线

电压源有以下两个基本性质。

（1）它的电压是给定值或给定的时间函数，与通过它的电流无关；

（2）它的电流由电压源本身和与它相连接的外电路共同决定。

一般说来，电压源在电路中产生功率，但有时也从电路中消耗功率。

【例1-7】 已知电压源的电压、电流参考方向如图1-22所示，求电压源的功率，并说明功率的性质。

解： 图1-22（a）中电压、电流为非关联参考方向，则

$$p = -ui = -2 \times 2 = -4 \ (\text{W})$$

可见电压源产生功率。

图1-22（b）中电压、电流为关联参考方向，则

$$p = ui = (-3) \times (-3) = 9 \ (\text{W})$$

可见电压源消耗功率。

二、电流源

理想电流源简称电流源，是一个二端元件，它的电流总保持为给定值或给定的时间函数，与它两端的电压无关。所以理想电流源也叫独立电流源。

一般，电流源的符号如图1-23（a）所示，其中 i_S 为电流源电流，箭头是其参考方向。图1-23（b）为直流电流源的符号，其电流 I_S 等于定值。图1-23（c）表示直流电流源的伏安特性曲线，是一条平行电压轴且横坐标为 I_S 的直线。

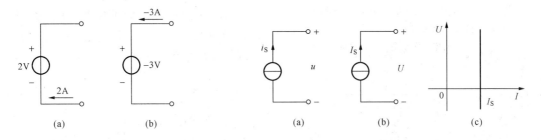

图1-22　［例1-7］图　　　　　　　　　图1-23　电流源

(a) 电流源符号；(b) 直流电流源符号；(c) 直流电流源伏安特性曲线

电流源有以下两个基本性质。

（1）它的电流是给定值或为给定的时间函数，与它两端的电压无关；

（2）它两端的电压由电流源本身和与它相连接的外电路共同决定。

与电压源类似，一般说来，电流源在电路中产生功率，但有时也从电路中消耗功率。

三、实际直流电源的电路模型

实际上理想的电压源是不存在的。在电路中，一个实际电源在提供能量的同时，自身还有一定的能量消耗。比如，以常用的干电池为例，除了两端有电压以外还有一定的内阻，一旦接上负载，就有电流流过内阻，进而产生电位降，于是电源电压不再保持为给定值。且流过电源的电流越大，电压降低越多。因此，实际电源的电路模型应由两部分组成：一部分用来表征提供电能的理想电源元件；另一部分用来表征消耗电能的电阻元件。理想电源元件有两种，因而实际电源的电路模型也有两种，即电压源模型和电流源模型。

1. 电压源模型

可用电压源和电阻串联来作为实际电源的电压源模型，如图 1-24（a）所示，U_S 为电压源的电压，R_S 为实际直流电源的内阻，R 为负载电阻，U 为实际直流电源的电压，I 为实际直流电源的电流。

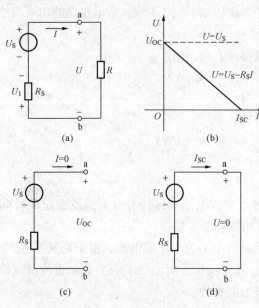

图 1-24　电压源构成的实际直流电源的模型
（a）电压源模型加负载；（b）伏安特性曲线；
（c）电压源模型；（d）短路

根据 KVL，有　$U + U_1 - U_S = 0$
由欧姆定律得

$$U_1 = R_S I$$

于是有

$$U = U_S - R_S I \qquad (1-29)$$

式（1-29）为实际直流电源的电压电流关系，即伏安特性，如图 1-24（b）所示为一条直线。

显然，实际电源的内阻越小，内阻上产生的电位降就越低，实际电源就越接近于理想电压源。

2. 电流源模型

同样，理想的电流源也是不存在的。可以用电流源和电阻并联来作为实际电源的电流源模型，如图 1-25（a）所示，I_S 为电流源产生的定值电流，G_S 为实际电源内电导，R 为负载电阻，U、I 为实际电源的电压、电流。

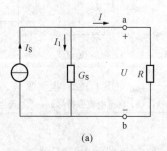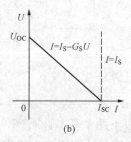

图 1-25　电流源构成的实际直流电源模型

在图 1-25（a）中，根据 KCL，有

$$I + I_1 - I_S = 0$$

由欧姆定律

$$I_1 = G_S U$$

所以

$$I = I_S - G_S U \qquad (1-30)$$

式（1-30）为实际直流电源的电压电流关系，也称伏安特性，如图 1-25（b）所示，为一条直线。

显然，实际电源的内电导越小，内部的分流就越小，就越接近于理想电流源。

【例1-8】　如图1-26所示，计算直流电源电路在开关S断开与闭合两种情况下的电压U_{ab}、U_{cd}。

解：当S断开时，电流$I=0$，各电阻电压均为零，则a、b两端电压就等于电源电压，即$U_{ab}=6V$。

当S闭合时，$U_{ab}=0$，电路中电流为

$$I = \frac{6}{5.5+0.5} = 1 \text{（A）}$$

$$U_{cd} = 1 \times 5.5 = 5.5 \text{（V）}$$

【例1-9】　如图1-27所示，计算直流电路中10Ω电阻的电压U_2和电流源的电压U_1。

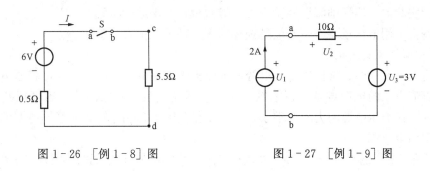

图1-26　[例1-8] 图　　　　　　　　图1-27　[例1-9] 图

解：根据电流源的性质，得

$$U_2 = 10 \times 2 = 20 \text{（V）}$$

电流源电压由外电路决定，a、b两点间电压

$$U_1 = U_2 + U_s = 20 + 3 = 23 \text{（V）}$$

思考与讨论

1. 有些同学常常把理想电流源两端的电压认作零，其理由是理想电流源内部不含电阻，根据欧姆定律，$U=RI=0 \times I=0$。这种看法错在哪里？

2. 为什么采用一个理想电压源和电阻串联的模型来表征实际电源，而不能采用一个理想电压源和电阻并联的模型来表征它？

3. 为什么采用一个理想电流源和电阻并联的模型来表征实际电源，而不能采用一个理想电流源和电阻串联的模型来表征它？

技能训练　学会常用仪器仪表的认识和使用

一、训练目的

（1）熟悉实验室设备配置，学习实验室的规章制度，了解一些安全用电常识，并培养安全用电习惯。

（2）学习电流、电压的测量方法，练习使用直流电流表、电压表和万用表。

（3）学习使用晶体管直流稳压电源。

（4）加深对电路中电位、电压的概念及其相互关系的理解。

二、实训设备与仪器

（1）直流稳压电源，1台。

（2）指针式万用表，1块。

（3）直流毫安表和直流电压表，各1块。

（4）电阻，若干。

（5）导线，若干。

三、实训原理与说明

1. 实验操作规程与安全用电

电工基础实验是进行电工技能训练的实践性教学环节，是电工基础课程的重要组成部分。在进行实验前，应仔细阅读实验规程，按照规程要求进行实验。

实验室安全用电很重要，否则极易损坏仪表，甚至发生人身事故。

2. 晶体管直流稳压电源

在直流电路实验中，常使用稳压电源向电路提供直流电。而晶体管直流稳压电源是用来提供可调直流电压的电源设备，在电网电压或负载变化时，能保持其输出电压基本稳定不变。晶体管直流稳压电源的内阻非常小，在其工作范围内，晶体管直流稳压电源的伏安特性十分接近理想电压源。

晶体管直流稳压电源的型号众多，面板布置往往各不相同，但它们的使用方法却大致相同。

3. 直流电流表和直流电压表的使用

直流电流表、电压表一般采用磁电系结构，它们是根据通电导体在磁场中产生电磁力的原理工作的。实验中，要十分注意直流电流表和直流电压表的正确接线，要正确选择量限、正确读取仪表的指示值。

（1）使用电流表测量电流时应将电流表串联在被测量电路中，使被测量电流通过电流表；使用电压表测量电压时应将电压表并联在被测量电路中，使被测量电压加在电压表的两端。

（2）单向偏转的直流仪表都有一个测量参考方向的问题，其测量参考方向都是从仪表的"＋"端钮至仪表的"－"端钮。实验中，应遵循这一测量参考方向。

（3）要选择合适的仪表量限。实验中，指针应不超过满刻度，同时要力争使仪表偏转角度大于其量限的一半。

（4）使用仪表时，应努力使仪表在正常工作条件下进行测量，以便减小不必要的附加误差。

（5）要正确读取仪表指示值。

4. 万用表的使用

万用表在电工仪表中是最常使用的一类仪表，它可以测量直流电、交流电、直流电阻等其他电量。指针式万用电表种类很多，面板布置不尽相同，但其面板上都有刻度盘、机械调零螺丝、转换开关、电阻表"调零"旋钮和表笔插孔。转换开关是用来选择万用电表所测量的项目和量程的。它周围均标有"V"、"Ω"（或"R"）、"mA"、"μA"、"V"等符号，分别表示交流电压挡、电阻挡、直流毫安挡、直流微安挡、直流电压挡。"V"、"mA"、"μA"、"V"范围内的数值为量程，"Ω"（或"R"）范围内的数值为倍率。在测量交流电压、直流电流和直流电压时，应在标有相应符号的标度尺上读数。例如，当选择旋钮旋到Ω区的"×10"挡时，测得的电阻值等于指针在刻度线上的读数×10。测量前如发现指针偏离刻度线左端的零点时，可转动机械调零螺丝进行调整。

使用万用表时，必须注意以下几点。

（1）正确选择被测量对象及其量限的挡位，测量完毕后，应将转换开关置于交流电压最高挡或空挡上。

（2）正确接线。测量电流时，仪表应与被测量支路串联，使被测量电流流过万用表；测量电压时，仪表应与被测量电路并联，被测量电压加在仪表两端。

（3）正确操作。不能在通电情况下切换转换开关，且测量高电压时要有足够的绝缘及相应的技术措施。

（4）正确读数。正确选择万用表的标尺刻度线，不能串用，不能看错、读错。

四、训练内容与操作步骤

1. 实验室电源的认识

根据指导老师介绍的实验室电源的配置情况，了解交流 220V 和 380V 电源插座或接线柱的位置，弄清楚交流电源开关的位置，以便在必要时能够及时切断电源。了解清楚灭火装置的使用，安全通道的位置。

2. 晶体管直流稳压电源的使用

（1）了解晶体管直流稳压电源面板上各旋钮、开关的作用，并将其置于正常位置。

（2）将 220V 工作电源接至仪器，合上面板上的电源开关。

（3）调节电压输出，用直流电压表进行测量，检查晶体管直流稳压电源输出电压是否正常。

（4）使用完毕，将其面板上各旋钮、开关的位置复原，最后切断电源开关。

3. 万用表的使用

（1）直流电压的测量。

（2）电阻的测量。

4. 直流电路电流、电压和电位的测量

其测量连接图如图 1-28 所示。

（1）分析图 1-28，合理设置实验参数、选择仪表量限，并正确接线。

（2）闭合开关 S，直接从电流表读取电路中的电流值 I，并做好记录。

（3）分别以 a、b 为参考点，用电压表测量 a、b、c 三点的电位，并做好记录。

（4）用电压表测量电压 U_{ab}、U_{bc}、U_{ca}，并做好记录。

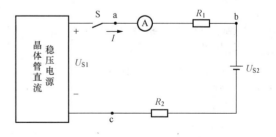

图 1-28 电流、电压和电位测量连接图

五、注意事项

（1）晶体管稳压电源的内阻很小，在使用时严禁输出端短路。

（2）晶体管稳压电源只能工作在输出功率的情况，不允许从电压输出端钮吸收功率。

（3）使用直流电压表和直流电流表，要注意它们的极性。

（4）不能在通电情况下切换万用表的转换开关。

（5）在测量电阻时，人的两只手不要同时和测试棒一起搭在内阻的两端，以避免人体电阻的并入。

（6）实验电路中使用的电阻，要满足实验对电阻值大小的要求，同时还要防止电阻因过负载而烧毁。

（7）测量完毕，务必将"转换开关"拨离欧姆挡，应拨到空挡或最大交流电压挡，以保安全。

六、报告与结论

按规定要求完成实验实训报告，并回答以下问题。

（1）在实验中发现有人触电时应如何处理？

（2）测量直流电流或直流电压时发现仪表指针反向偏转是什么问题？如何解决？

（3）根据实验数据，说明电压、电位的关系。

本 章 小 结

（1）电路分析的对象是实际电路的电路模型。

（2）电流、电压是电路最基本的物理量，可定义为

电流 $i = \dfrac{\mathrm{d}q}{\mathrm{d}t}$

电压 $u = \dfrac{\mathrm{d}W}{\mathrm{d}q}$

 注 意

> 电流的实际方向是正电荷移动的方向，其单位为 A；电压的实际方向是电位降低的方向，其单位为 V。

（3）参考方向是人为选定的决定，并且是电流电压值为正数的标准。电路理论中的电流、电压都是对应于所选参考方向而言的代数量。任一支路的功率为

$$p = ui$$

如果电流、电压取关联参考方向，p 为支路所消耗的；电流、电压取非关联参考方向，p 为支路所提供的。

（4）基尔霍夫定律表明电路连接时对支路电流、支路电压的拓扑约束关系，它与元件性质无关，则有：

KCL 为 $\sum i = 0$

KVL 为 $\sum u = 0$

（5）电阻元件是表示消耗电能的电路元件。线性电阻元件的电阻 $R = \dfrac{u}{i}$ 为一常量，电压、电流关联参考方向条件下 $u = Ri$；电阻元件吸收（消耗）功率的计算式为 $p = ui = Ri^2 = u^2/R$。

（6）电感元件是表示储存电场能量的电路元件。线性电感元件的电感 $L = \dfrac{\psi}{i}$ 为一常量，电压、电流关联参考方向条件下，$u = L\dfrac{\mathrm{d}i}{\mathrm{d}t}$；磁场能量计算式为 $W_\mathrm{L} = \dfrac{1}{2}Li^2$。

（7）电容元件是表示储存电场能量的电路元件。线性电容元件的电容 $C = \dfrac{q}{u}$ 为一常量，

电压、电流关联参考方向条件下，$i = C\dfrac{\mathrm{d}u}{\mathrm{d}t}$；电场能量计算式为 $W_\mathrm{C} = \dfrac{1}{2}Cu^2$。

(8) 电压源的电压是一定的时间函数，电流由其外部决定。电流源的电流是一定的时间函数，电压由其外部决定。

实际电源可用电压源串联电阻来模拟，也可用电流源并联电阻来模拟。

习 题 一

一、填空题

1-1 规定_____电荷的运动方向为电流的实际方向。单位时间内通过导体_____的_____叫电流强度。

1-2 在电路中，两点间的电压等于两点间的_____。电压的方向规定为由_____电位指向_____电位。

1-3 电源电动势的方向由电源的_____极指向电源的_____极。

1-4 生活中常说用了多少度电，是指消耗的_____。

1-5 有一只 220V、100W 的电灯泡，220V 是其_____，100W 是其_____。

1-6 已知 $U_{ab} = -6\mathrm{V}$，则 a 点电位比 b 点电位_____。

1-7 220V、60W 的白炽灯额定电流为_____，额定情形下的电阻为_____。

1-8 图 1-29 所示电路中，图（a）元件功率为_____，_____（发出、消耗）电能；图（b）元件功率为_____，_____电能。

1-9 图 1-30 所示电路中，电压源的功率为_____W，实为_____（发出、消耗）电能的元件；电流源的功率为_____W，实为_____电能的元件。

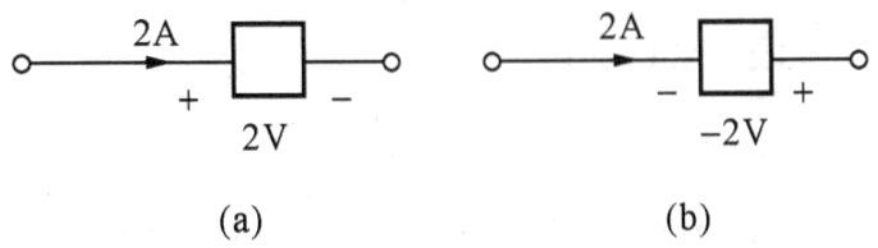

图 1-29 习题 1-8 图

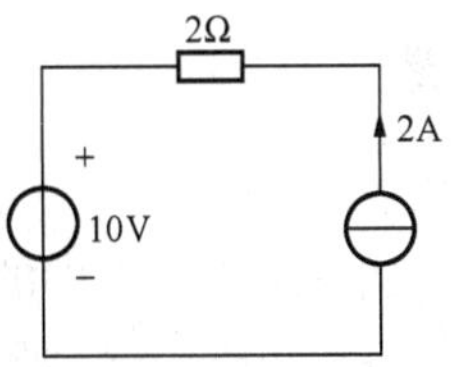

图 1-30 习题 1-9 图

二、选择题

1-10 一只额定功率为 1W、电阻值为 100Ω 的电阻，允许通过的最大电流为（   ）。

A. 100A　　　　　B. 0.1A　　　　　C. 0.01A　　　　　D. 1A

1-11 一电器的额定值为 $P_\mathrm{N} = 1\mathrm{W}$、$U_\mathrm{N} = 100\mathrm{V}$，现要接到 200V 的直流电路上工作，问应选下列电阻中的哪一个与之串联才能使该电器正常工作（   ）。

A. 5kΩ、2W　　　B. 10kΩ、0.5W　　　C. 10kΩ、1W　　　D. 20kΩ、0.25W

1-12 两电阻 R_1、R_2 串联，U 为总电压，测得 R_1 两端电压 $U_1 = U$，产生该现象的原因可能是（   ）。

A. R_1 短路　　　B. R_2 短路　　　C. R_1 断路　　　D. R_2 断路

三、分析计算题

1-13 试分别求 220V、15W 的电灯，220V、100W 的电灯，220V、2000W 的电炉三者

在额定电压情况下工作时的电阻。额定电压相同的电阻负载，功率越大，其电阻越大还是越小?

1-14 额定电压相同、额定功率不同的两个电阻负载通过的电流相同时，哪一个实际功率大?

1-15 两个电阻串联接到 120V 电源，电流为 3A；并联接到同样电源时，电流为 16A。试求这两个电阻。

1-16 一个 220V、15W 的电灯和一个 220V、40W 的电灯能否串联接到电压为 380V 的电源使用? 说明理由。

1-17 求图 1-31 所示电路的等效电源模型。

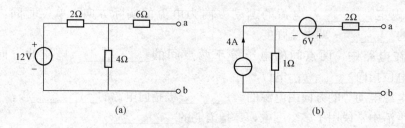

图 1-31 习题 1-17 图

1-18 试求图 1-32 所示各电路中的未知电流。

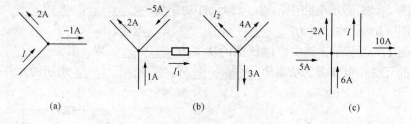

图 1-32 习题 1-18 图

1-19 试求图 1-33 中的 u_{ab}。

1-20 电路如图 1-34 所示。
(1) 仅用 KCL 求各元件电流；
(2) 仅用 KVL 求各元件电压；
(3) 求各电源发出的功率。

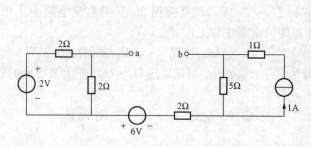

图 1-33 习题 1-19 图

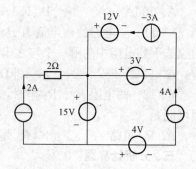

图 1-34 习题 1-20 图

第 二 章

直 流 电 路 的 分 析

由线性无源电路元件和理想电源组成的电路，称为线性电路；若线性电路中的无源电路元件均为线性电阻，则称为线性电阻电路，简称电阻电路。当电阻电路中的电源都是直流电源时，这样的电路称为直流电阻电路。

本章主要讨论直流电阻电路的分析方法和计算，其内容包括电阻网络的等效变换、电源的串并联及等效变换、支路电流法和节点电压法以及叠加定理。

【知识目标】

(1) 理解等效变换的定义。

(2) 掌握电阻串并联、星形与三角形连接的等效变换。

(3) 掌握电源的串并联等效变换。

(4) 理解并掌握支路电流法的内容及其应用。

(5) 理解并掌握叠加定理的内容及应用方法。

【技能目标】

(1) 进一步熟悉万用表、直流电压表及直流电流表的使用。

(2) 验证线性电路叠加定理，加深对线性电路的叠加性和齐次性的认识和理解。

课题一 电阻电路的等效变换

一、等效变换

若一个电路只有两个端子与外电路相连，则称该电路为二端网络，又叫一端口网络，如图 2-1 所示。二端网络的两个端子之间的电压，称为端口电压；每个端子中流过的电流称为端口电流。对于二端网络，由 KCL 可得，从一个端子流进的电流一定等于从另一个端子流出的电流。

图 2-1 所示的两个二端网络 N1 和 N2，其内部结构可能不同，但如果它们的端口电压 U 与端口电流 I 关系完全相同，则 N1 和 N2 就是等效网络，又叫等效电路。对外部电路而言，等效电路 N1 和 N2 可以相互替换，这种替换就称为等效变换。

应特别注意，等效变换中的"等效"，一定是对外部的等效。当电路中的某部分用等效电路替换后，被替换的这部分电路与等效电路是不同的，但没有被替换的部分的电压和电流关系应保持

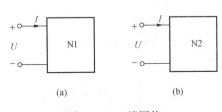

图 2-1 二端网络

不变。

等效变换是电路分析中常使用的方法。利用等效变换，可以把由多个元件组成的复杂电路等效为只有少数几个元件甚至一个元件组成的简单电路，从而简化问题的分析。

二、电阻的串联和并联

1. 电阻的串联

几个电阻一个一个地首尾相接，中间没有分支，这样的连接方式叫做电阻的串联。其特点是流过每一个电阻的是同一个电流。

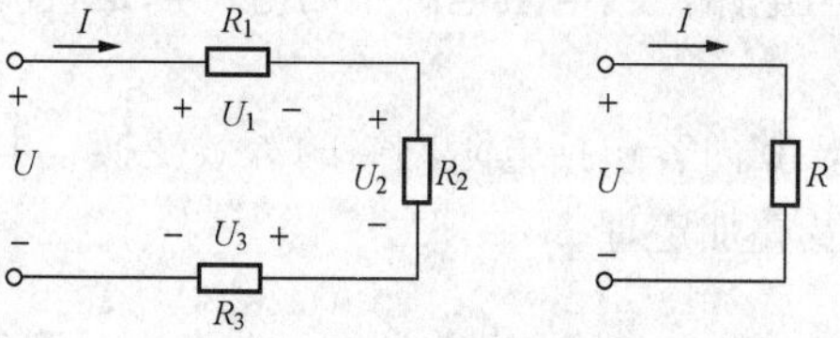

图 2-2　电阻的串联

(a) 电路；(b) 等效电路

如图 2-2（a）所示，根据 KVL，电源的端电压 U 等于三个电阻上的电压 U_1、U_2、U_3 之和，即

$$U = U_1 + U_2 + U_3 = R_1 I + R_2 I + R_3 I$$
$$= (R_1 + R_2 + R_3) I$$

如果令　　　$R = R_1 + R_2 + R_3$

则

$$U = RI \qquad (2-1)$$

式（2-1）表明，当电阻 R 接到同一电压 U 上时，电流为 I，因此图 2-2（a）的等效电路是图 2-2（b）。式（2-1）中的 R 为 R_1、R_2、R_3 三个串联电阻的等效电阻，也称为输入电阻，即三个电阻串联，其等效电阻为三个电阻之和。

等效电阻的概念可以推广到有 n 个串联电阻的电路。若有 R_1、R_2、R_3、…、R_n n 个电阻相串联，其等效电阻 R 为各个串联电阻之和。

电阻串联时，各电阻上所分得的电压为

$$U_k = R_k I = \frac{R_k}{R} U \qquad (2-2)$$

可见各个串联电阻的电压与电阻值成正比。式（2-2）为串联电阻的分压公式。

电阻串联应用很广。当外加电压不变时，经常通过改变与负载电阻相串联的电阻值来调节负载中的电流大小；利用电阻的分压特性，做成分压器及用于扩大电压表的量程。

2. 电阻的并联

在电路中，两个或两个以上的电阻同接在电路中的一对节点之间，它们的端电压是同一电压，这样的连接方式叫做电阻的并联。其特点是加在各电阻上的电压是同一个电压。

如图 2-3（a）所示，根据 KCL，电源电流（或称总电流）等于三个并联电阻所分得的电流之和，即

$$I = I_1 + I_2 + I_3 = \frac{U}{R_1} + \frac{U}{R_2} + \frac{U}{R_3}$$
$$= \left(\frac{1}{R_1} + \frac{1}{R_2} + \frac{1}{R_3} \right) U$$

如果令

$$\frac{1}{R} = \frac{1}{R_1} + \frac{1}{R_2} + \frac{1}{R_3} \qquad (2-3)$$

则

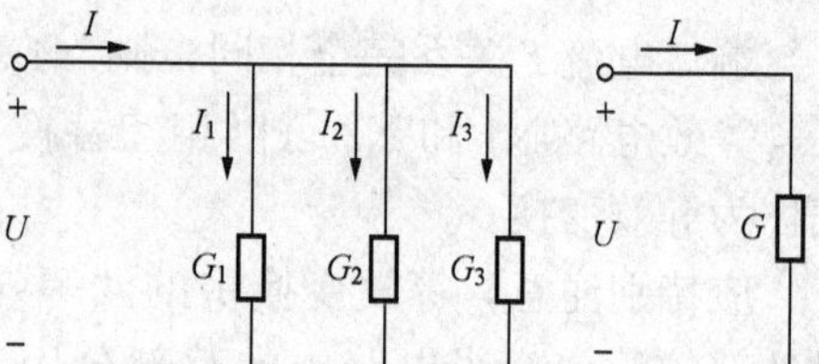

图 2-3　电阻的并联

$$I = GU \tag{2-4}$$

式（2-4）表明，当 R 接在端电压为 U 的电源上时，电流也为 I，因此图 2-3（b）是图 2-3（a）的等效电路。式（2-3）中的 R 称为三个并联电阻的等效电阻，即三个电阻并联时，等效电阻的倒数等于各个并联电阻的倒数和。特别是，当两个电阻并联时，等效电阻为

$$R = \frac{R_1 R_2}{R_1 + R_2}$$

等效电阻的概念可以推广到有 n 个电阻并联的电路。若 n 个电阻 R_1、R_2、R_3、$\cdots$、R_n 并联时，等效电阻 R 的倒数等于各个并联电阻的倒数和。根据电导与电阻的关系，多个电导并联时，等效电导 G 等于各个并联电导 G_k 之和。

电阻并联时，各电阻上所分得的电流为

$$I_k = \frac{U}{R_k} = UG_k = \frac{G_k}{G}I$$

可见各个并联电阻中分得的电流 I_k 与其电阻 R_k 成反比，与电导 G_k 成正比。

当两个电阻并联时，两个并联电阻中的电流 I_1、I_2 分别为

$$\left. \begin{aligned} I_1 &= \frac{U}{R_1} = \frac{R_2}{R_1 + R_2}I \\ I_2 &= \frac{U}{R_2} = \frac{R_1}{R_1 + R_2}I \end{aligned} \right\} \tag{2-5}$$

注意该公式要与电流的参考方向一一对应。式（2-5）为两个电阻并联的分流公式。

并联电阻的分流作用，广泛应用于电流表量程的扩大及各种分流电路中。

【例 2-1】 $R_1 = 500\Omega$ 和 R_2 并联，总电流 $I = 1\text{A}$。设 R_2 为 600Ω 和 500Ω，试分别求等效电阻及每个电阻的电流。

解：（1）$R_2 = 600\Omega$ 时，并联的等效电阻为

$$R = \frac{R_1 R_2}{R_1 + R_2} = \frac{600 \times 500}{600 + 500} = 272.7\ (\Omega)$$

两个电阻的电流各为

$$I_1 = \frac{R_2}{R_1 + R_2}I = \frac{600}{600 + 500} \times 1 = 0.5455\ (\text{A})$$

$$I_2 = \frac{R_1}{R_1 + R_2}I = \frac{500}{600 + 500} \times 1 = 0.4545\ (\text{A})$$

（2）$R_1 = R_2 = 500\Omega$ 时，并联的等效电阻为

$$R = \frac{R_1}{2} = \frac{500}{2} = 250\ (\Omega)$$

$$I_1 = I_2 = \frac{I}{2} = \frac{1}{2} = 0.5\ (\text{A})$$

三、电阻混联的等效简化

在电路中，既有电阻的串联又有电阻的并联，这种电阻的连接方式叫做电阻的混联。而电阻混联的电路，求其等效电阻时，其关键在于确定哪些电阻是串联，哪些是并联。

当电阻的串并联关系不易确定时，常采用逐步等效的方法求其等效电阻，具体方法如下。

（1）先确定电路中不同电位的各个节点，并标上节点序号。

（2）在不改变原电路电阻连接关系的情况下，缩短或延长某部分连接导线，把电路中的

某些等电位点连在一起，将相关的电阻改画成容易判断的串并联形式。

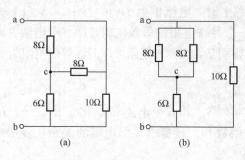

图 2-4 ［例 2-2］图

（a）电路；（b）等效电路

（3）采用逐步等效的方法将电路一部分一部分地等效，注意各部分的等效电阻应连接在相应的节点上，没有等效的电路部分保持不变。

【例 2-2】 求图 2-4（a）所示电路 a、b 两端的等效电阻。

解： 将图 2-4（a）改画成图 2-4（b），则

$$R_{ab} = \frac{(8/2+6) \times 10}{(8/2+6)+10} = 5 \ (\Omega)$$

【例 2-3】 求图 2-5（a）所示电路中 a、b 两端的等效电阻。

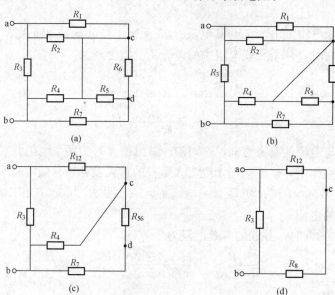

图 2-5 ［例 2-3］图

（a）电路；（b）、（c）、（d）等效电路

解： 本题是求一个混联的二端网络的等效电阻，关键在于确定哪些电阻是串联、哪些电阻是并联，用分步等效的方法将电路逐步等效。

【例 2-4】 进行电工实验时，我们常用滑线变阻器接成分压器电路来调节负载电阻上电压的高低。如图 2-6（a）中 R_1 和 R_2 是滑线变阻器，R_L 是负载电阻。已知滑线变阻器额定值（R_1+R_2）是 100Ω、3A，端钮 a、b 输入电压 $U_S=220V$，$R_L=50\Omega$。试问：

（1）当 $R_2=50\Omega$ 时，输出电压是多少？

（2）当 $R_2=75\Omega$ 时，输出电压是多少？滑线变阻器能否安全工作？

解： 把图 2-6（a）改画成图 2-6（b），可见，三个电阻的连接方式为 R_2 和 R_L 并联后再与 R_1 串联，所以 a、b 两端的等效电阻为

$$R_{ab} = R_1 + \frac{R_2 R_L}{R_2 + R_L}$$

（1）当 $R_2=50\Omega$ 时

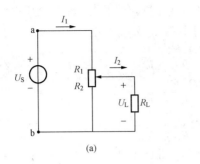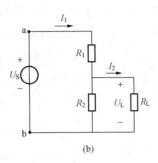

图 2-6 〔例 2-4〕图
(a)电路；(b)等效电路

$$R_{ab} = R_1 + \frac{R_2 R_L}{R_2 + R_L} = 50 + \frac{50 \times 50}{50 + 50} = 75\,(\Omega)$$

$$I_1 = \frac{U_S}{R_{ab}} = \frac{220}{75} \approx 2.93\,(A)$$

$$I_2 = \frac{R_2}{R_2 + R_L} \times I_1 = \frac{50}{50 + 50} \times 2.93 \approx 1.47\,(A)$$

$$U_L = R_L I_2 = 50 \times 1.47 = 73.50\,(V)$$

(2)当 $R_2 = 75\Omega$ 时，计算方法同上，则

$$R_{ab} = 25 + \frac{75 \times 50}{75 + 50} = 55\,(\Omega)$$

$$I_1 = \frac{220}{55} = 4\,(A) \quad I_2 = \frac{75}{75 + 50} \times 4 = 2.4\,(A)$$

$$U_L = 50 \times 2.4 = 120\,(V)$$

由于 $I_1 = 4A$，大于滑线变阻器额定电流 3A，R_1 段电阻有被烧坏的危险。

四、电阻 Y—△ 等效变换

电阻除了串联和并联的连接形式之外，还有星形连接和三角形连接两种形式。

图 2-7（a）中，三个电阻元件 R_a、R_b、R_c 的一端 O 连在一起，另一端分别连接到电路的三个节点，这种连接方式叫做星形连接，也叫 Y 连接。在图 2-7（b）中，三个电阻元件 R_{ab}、R_{bc}、R_{ca} 首尾相连，接成一个三角形，这种连接方式叫做三角形连接，也叫 △ 连接。

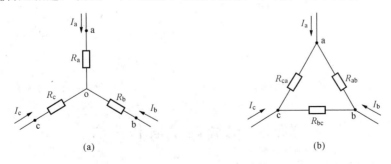

图 2-7 电阻的星形连接与三角形连接
(a)星形连接；(b)三角形连接

星形连接与三角形连接的等效变换的条件是它们具有相同的端口电压电流关系。由此，可以求出两种连接方式等效变换的关系式。对于图 2-7（a）有

$$\left.\begin{array}{l}R_\mathrm{a}=\dfrac{R_\mathrm{ca}R_\mathrm{ab}}{R_\mathrm{ab}+R_\mathrm{bc}+R_\mathrm{ca}}\\[2mm]R_\mathrm{b}=\dfrac{R_\mathrm{ab}R_\mathrm{bc}}{R_\mathrm{ab}+R_\mathrm{bc}+R_\mathrm{ca}}\\[2mm]R_\mathrm{c}=\dfrac{R_\mathrm{bc}R_\mathrm{ca}}{R_\mathrm{ab}+R_\mathrm{bc}+R_\mathrm{ca}}\end{array}\right\} \quad (2-6)$$

式（2-6）就是已知三角形连接的电阻确定等效星形连接的电阻的关系式，若
$R_\mathrm{ab}=R_\mathrm{bc}=R_\mathrm{ca}=R_\triangle$，$R_\mathrm{a}=R_\mathrm{b}=R_\mathrm{c}=R_\curlyvee$，则

$$R_\curlyvee=\frac{1}{3}R_\triangle \quad (2-7)$$

同样可以得到已知星形连接的电阻确定等效三角形连接的电阻的关系式，即

$$\left.\begin{array}{l}R_\mathrm{ab}=R_\mathrm{a}+R_\mathrm{b}+\dfrac{R_\mathrm{a}R_\mathrm{b}}{R_\mathrm{c}}\\[2mm]R_\mathrm{bc}=R_\mathrm{b}+R_\mathrm{c}+\dfrac{R_\mathrm{b}R_\mathrm{c}}{R_\mathrm{a}}\\[2mm]R_\mathrm{ca}=R_\mathrm{c}+R_\mathrm{a}+\dfrac{R_\mathrm{c}R_\mathrm{a}}{R_\mathrm{b}}\end{array}\right\} \quad (2-8)$$

证明略。若 $R_\mathrm{ab}=R_\mathrm{bc}=R_\mathrm{ca}=R_\triangle$，$R_\mathrm{a}=R_\mathrm{b}=R_\mathrm{c}=R_\curlyvee$，则

$$R_\triangle=3R_\curlyvee \quad (2-9)$$

思考与讨论

1. 今需要一只 1W、500kΩ 的电阻元件，但手头只有 0.5W 的 250kΩ 和 0.5W 的 1MΩ 的电阻元件许多只，试问该怎么解决？

2. 如图 2-8 所示电路中，U_S 不变，当 R_3 增大或减小时，电压表、电流表的读数将如何变化？说明其原因。

3. 求图 2-9 中的等效电阻 R_ab。

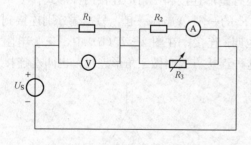

图 2-8 思考与讨论题 2 图

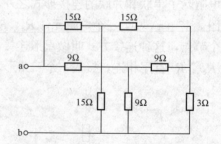

图 2-9 思考与讨论题 3 图

课题二 电源的串联和并联

一、实际电源的电压源、电流源模型的相互等效变换

由第一章课题四可知，同一实际电源，既可用电压源、电阻串联组合为其电路模型（电

源的电压源模型），又可用电流源、电阻并联组合为其电路模型（电源的电流源模型），如图 2-10 所示。

当图 2-10（a）和图 2-10（b）两种模型的端口电压和电流完全相同时，对外电路而言，两者为等效电路模型。

由 KVL 得，图 2-10（a）的端口电压电流关系为

$$U = U_S - R_S I$$

图 2-10（b）的端口电压电流关系为

$$U = R'_S(I_S - I) = R'_S I_S - R'_S I$$

若图 2-10（a）和图 2-10（b）所示的电路为等效电路，根据等效的概念，有

$$\left.\begin{array}{l} U_S = R'_S I_S \\ R'_S = R_S \end{array}\right\} \tag{2-10}$$

式（2-10）就是电压源模型和电流源模型等效变换必须满足的条件。图 2-11 给出了两种电源模型的等效变换。

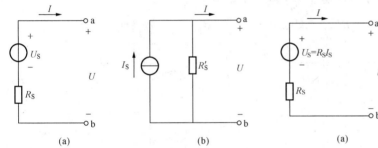

图 2-10 实际电源的两种模型
（a）电压源模型；（b）电流源模型

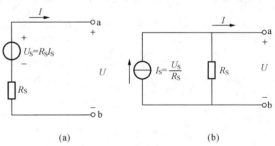

图 2-11 两种电源模型的等效变换
（a）电压源模型；（b）电流源模型

 注 意

两种模型等效交换时，I_S 的参考方向与 U_S 的负极指向正极相对应。

一般情况下，这两种等效模型内部功率情况并不相同，但对于外电路，它们吸收或提供的功率总是一样的。

顺便指出，理想电压源与理想电流源并不等效，因为，二者不可能有相同的伏安特性。

【例2-5】 求图 2-12（a）的等效电流源模型以及图 2-12（b）的等效电压源模型。

解：在图 2-12（a）中

$$I_S = \frac{U_S}{R_S} = \frac{9}{3} = 3\,(\text{A})$$

I_S 的参考方向与 U_S 的负极指向正极相对应，于是得图 2-12（a）的等效电流源模型如

图 2-12（c）所示。

在图 2-12（b）中

$$U_S = R_S I_S = 1 \times 2 = 2 \text{（V）}$$

图 2-12（b）的等效电压源模型如图 2-12（d）所示。

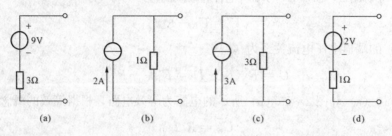

（a）　　　　（b）　　　　（c）　　　　（d）

图 2-12　[例 2-5] 图

二、电压源的串并联

1. 电压源的串联

图 2-13（a）所示的是两个电压源模型串联。根据 KVL，有

$$U = U_{S1} - IR_{S1} + U_{S2} - IR_{S2} = (U_{S1} + U_{S2}) - (R_{S1} + R_{S2})I = U_S - IR_S \quad （2-11）$$

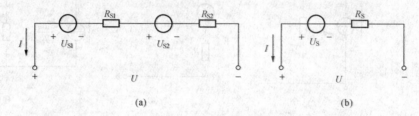

（a）　　　　　　　　　　（b）

图 2-13　两个电压源模型的串联
（a）电路；（b）等效电路

式（2-11）表明，图 2-13（a）可以等效为一个电压源模型，如图 2-13（b）所示，其中等效的电压源电压 U_S 为两个串联电压源电压的代数和，即 $U_S = U_{S1} + U_{S2}$；等效内阻 R_S 为两个电压源内阻之和，即 $R_S = R_{S1} + R_{S2}$。

推广到一般情况，当几个电压源模型串联时，可等效为一个电压源模型。其中等效电压源的电压大小为各串联电压源电压的代数和，当串联的电压源电压的参考方向和等效电压源电压参考方向一致时取正，否则取负；等效内阻为各电源内阻之和。

特殊情况下，若几个内阻为零的理想电压源串联时，可等效为一个理想电压源，其电压的大小为各串联的理想电压源电压的代数和。

2. 电压源的并联

图 2-14（a）所示的是两个电压源模型

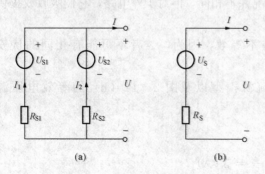

（a）　　　　（b）

图 2-14　两个电压源模型并联
（a）电路；（b）等效电路

并联。若电压电流参考方向如图所示，回路取顺时针绕向，根据 KVL，有

$$U_{S2} - I_2 R_{S2} + I_1 R_{S1} - U_{S1} = 0 \tag{2-12}$$

根据 KCL 有

$$I = I_1 + I_2 \tag{2-13}$$

图 2-14（a）的端口电压为

$$U = U_{S2} - I_2 R_{S2} \tag{2-14}$$

把式（2-12）、式（2-13）代入式（2-14）并整理得

$$U = \frac{U_{S2} R_{S1} + U_{S1} R_{S2}}{R_{S1} + R_{S2}} - \frac{R_{S1} R_{S2}}{R_{S1} + R_{S2}} I = U_S - R_S I \tag{2-15}$$

式（2-15）表明，图 2-14（a）可等效为一个电压源模型，如图 2-14（b）所示。其中等效电压源模型的内阻 R_S 为两个内阻的并联，即 $R_S = \frac{R_{S1} R_{S2}}{R_{S1} + R_{S2}}$；等效的电压源电压由 $U_S = \frac{U_{S2} R_{S1} + U_{S1} R_{S2}}{R_{S1} + R_{S2}}$ 确定。该结论也可推广用于电压源模型的并联。

当理想电压源与理想电流源或电阻元件并联时，如图 2-15（a）和图 2-15（b）所示，由并联支路电压相同的特点可得，两端的电压不改变，所以对外部电路来说，图 2-15（a）和图 2-15（b）所示的等效电路可用图 2-15（c）所示的电路来代替。

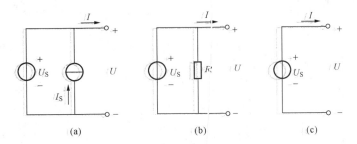

图 2-15　理想电压源与理想电流源或电阻元件的并联

(a) 与理想电流源并联；(b) 与电阻并联；(c) 等效电路

三、电流源的串、并联

1. 电流源的并联

两个电流源模型并联，如图 2-16（a）所示，根据并联支路的特点，有

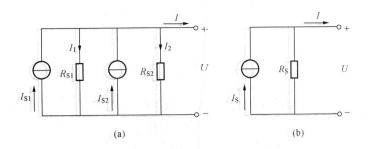

图 2-16　两个电流源模型的并联

(a) 电路；(b) 等效电路

$$I_1 = \frac{U}{R_{S1}} \qquad (2-16)$$

$$I_2 = \frac{U}{R_{S2}} \qquad (2-17)$$

由 KCL 得

$$I + I_1 + I_2 = I_{S1} + I_{S2} \qquad (2-18)$$

将式 (2-16)、式 (2-17) 代入式 (2-18) 得

$$I = I_{S1} + I_{S2} - (I_1 + I_2) = I_S - \frac{1}{R_S}U \qquad (2-19)$$

式 (2-19) 表明，图 2-16 (a) 可以等效为一个电流源与内阻并联的电路模型，如图 2-16 (b) 所示，其中等效的电流源电流 I_S 为两个并联电流源的电流的代数和，即 $I_S = I_{S1} + I_{S2}$；等效内阻 R_S 为两个电流源内阻的并联，即 $\frac{1}{R_S} = \frac{1}{R_{S1}} + \frac{1}{R_{S2}}$。

推广到一般情况，当几个含有内阻的电流源并联时，可等效为一个含有内阻的电流源。其中等效电流源的电流大小为各并联电流源电流的代数和，当并联电流源电流的参考方向和等效电流源电流参考方向一致时取正，否则取负；等效内阻为各电流源内阻的并联。

2. 电流源的串联

如图 2-17 (a) 所示，有两个含有内阻的电流源串联。通过等效变换，图 2-17 (a) 可等效为图 2-17 (b)，其中

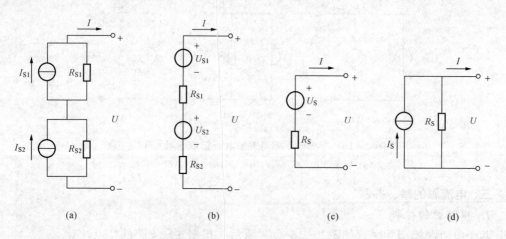

图 2-17　两个电流源模型串联

(a) 电路；(b)、(c)、(d) 等效电路

$$\left. \begin{aligned} U_{S1} &= I_{S1}R_{S1} \\ U_{S2} &= I_{S2}R_{S2} \end{aligned} \right\}$$

再把图 2-17 (b) 等效为图 2-17 (c)，其中

$$U_S = U_{S1} + U_{S2} = I_{S1}R_{S1} + I_{S2}R_{S2}$$

$$R_S = R_{S1} + R_{S2}$$

图 2-17 (c) 还可等效为图 2-17 (d)，其中

$$I_S = \frac{U_S}{R_S} = \frac{I_{S1}R_{S1} + I_{S2}R_{S2}}{R_S} \qquad (2-20)$$

　　由此可见，两个电流源模型进行串联时，可等效为一个电流源模型，等效电流源模型的内阻 R_S 为两个电流源模型内阻之和，即 $R_S=R_{S1}+R_{S2}$，等效电流源的电流的大小由式（2-20）确定。此结论也可推广到一般情况。

　　当理想电流源与理想电压源或电阻元件串联时，如图 2-18（a）、（b）所示，由串联支路电流处处相同的特点可得，电路中的电流仍为电流源的电流 I_S。所以对外部电路来说，图 2-18（a）、（b）的等效电路如图 2-18（c）所示。

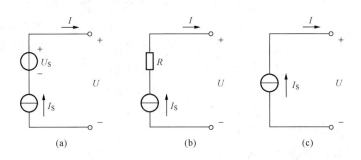

图 2-18　理想电流源与理想电压源或电阻元件的串联
(a) 与理想电压源串联；(b) 与电阻串联；(c) 等效电路

思考与讨论

　　1. 凡是与理想电压源并联的理想电流源其电压是一定的，因而后者在电路中不起作用；凡是与理想电流源串联的理想电压源其电流是一定的，因而后者在电路中也不起作用。这种观点是否正确？

　　2. 一个 12V 的理想电压源与 4Ω 电阻串联，可等效为数值为 ＿＿＿＿＿＿ 的理想电流源与 ＿＿＿＿＿＿ 的电阻并联。

　　3. 一个 20A 的理想电流源与 2Ω 电阻并联组合，可以等效为数值为 ＿＿＿＿＿＿ 的理想电压源与 ＿＿＿＿＿＿ 的电阻串联组合。

课题三　支路电流法及节点电压法

　　从本章前面两个课题我们学习到利用等效变换，将电路简化成单回路电路，然后求出未知的电压和电流的方法。这些方法对简单电路很适合，但对于复杂电路，则用到本课题介绍的线性电路的一般分析方法。

一、支路电流法

　　支路电流法是分析复杂线性电路最基本的方法，也是电路的一般分析方法。

　　支路电流法就是选支路电流为未知量，列出电路所满足的 KCL 和 KVL 方程，然后联立求解求出各支路电流的方法。若电路有 b 条支路、n 个节点和 m 个网孔时，将有 $(n-1)$ 个独立的 KCL 方程和 m 个独立的 KVL 方程，并且 $b=(n-1)+m$。

　　以图 2-19 所示电路为例说明支路电流法的应用。在电路中支路数 $b=3$，节点数 $n=2$，以支路电流 I_1、I_2、I_3 为未知量，共要列出 3 个独立方程，列方程前把支路电流的参考方向

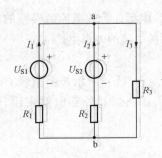

图 2-19 支路电流法举例

标在图上。

首先，对节点 a 列 KCL 方程

$$-I_1 - I_2 + I_3 = 0$$

对节点 b 列 KCL 方程

$$I_1 + I_2 - I_3 = 0$$

这两个方程中只有一个是独立的，所以节点数 $n=2$ 的就列 1 个 KCL 方程，以此类推节点数为 n 就列 $(n-1)$ 个 KCL 方程。

其次，要列出独立的 KVL 方程，一般选网孔作为列 KVL 的回路，因为每个网孔都包含了一条互不相同的支路，这样很方便。如图 2-19 中有 2 个网孔，回路绕行方向都选顺时针，则

$$R_1 I_1 - U_{S1} + U_{S2} - R_2 I_2 = 0$$
$$R_2 I_2 - U_{S2} + R_3 I_3 = 0$$

支路（电流）法的解题步骤如下。

(1) 设定各支路电流的参考方向。

(2) 指定参考节点，对其余 $(n-1)$ 个独立节点列写 $(n-1)$ 个 KCL 方程。

(3) 通常选网孔为独立回路，设定独立回路绕行方向，进而列出 m 个由支路电流表示的 KVL 方程。

(4) 联立求解这 b 个方程，求得 b 条支路的支路电流。

(5) 由支路电流和各支路的 VCR 关系式求出 b 条支路的支路电压。

支路电流法具备所列方程直观的优点，是一种常用的求解电路的方法。但由于需列出等于支路数 b 的 KCL 和 KVL 方程，对复杂电路而言存在方程数目多的缺点，因此，设法减少方程数目，就成为其他网络方程法的出发点。

【例 2-6】 在图 2-20（a）所示电路中，用支路电流法求电流 I。

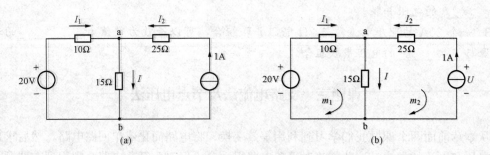

(a)　　　　　　　　　　　　　(b)

图 2-20　[例 2-6] 图

(a) 电路；(b) 支路流法求解

解： 本题关键是如何列出与支路电流个数对应的 KCL 方程与 KVL 方程。

(1) 该电路中支路数 $b=3$，支路电流用 I_1、I_2、I 表示；节点数 $n=2$，用 a 和 b 表示；网孔数 $m=2$，用 m_1 和 m_2 表示，如图 2-26（b）所示。因为 $I_2=1\text{A}$，所以未知数实际只有 I_1 和 I 两个。

(2) 节点 a 的 KCL 方程为

$$I_1 + I_2 = I$$

即

$$I_1 + 1 = I \qquad (2-21)$$

（3）选择网孔 m_1 的绕向为顺时针方向，列出 KVL 方程

$$10I_1 + 15I - 20 = 0 \qquad (2-22)$$

（4）联立求解式（2-21）、式（2-22），可得

$$I = 1.2A$$

【例 2-7】　用支路电流法求图 2-21 所示电路中的各支路电流 I、I_1、I_2、I_3、I_4 和 I_5。

解：（1）原电路中支路数 $b=6$，支路电流为 I、I_1、I_2、I_3、I_4 和 I_5，所以未知数有 6 个；节点数 $n=4$，用 a、b、c、d 表示；网孔数 $m=3$，用 m_1、m_2 和 m_3 表示，如图 2-21 所示。

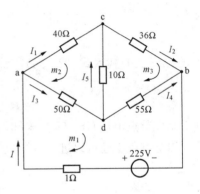

图 2-21　[例 2-7] 图

（2）选择节点 d 为参考节点，在节点 a、c、b 处分别列出对应的 KCL 方程

$$\left.\begin{array}{l} I = I_1 + I_3 \\ I_1 + I_5 = I_2 \\ I = I_2 + I_4 \end{array}\right\} \qquad (2-23)$$

（3）三个网孔 m_1、m_2 和 m_3 都选择顺时针绕向，对应的 KVL 方程为

$$\left.\begin{array}{l} 50I_3 + 55I_4 - 225 + I = 0 \\ 40I_1 - 10I_5 - 50I_3 = 0 \\ 36I_2 - 55I_4 + 10I_5 = 0 \end{array}\right\} \qquad (2-24)$$

（4）联立求解式（2-23）和式（2-24）（过程略），得

$$I_1 = 2.8A, \quad I_2 = 3A, \quad I_3 = 2.2A, \quad I_4 = 2A, \quad I_5 = 0.2A, \quad I = 5A$$

*二、节点电压法

此方法已广泛应用于电路的计算机辅助分析和电力系统的计算，是实际应用最普遍的一种求解方法。

在电路中任选一个节点为参考节点，其余的节点就称为独立节点。独立节点与参考节点之间的电压，称为节点电压，其参考方向由独立节点指向参考节点。

节点电压法是以节点电压为未知量，对独立节点应用 KCL 列写用节点电压表示的支路电路方程，即节点电压方程，联立求解出节点电压后，再根据各节点电压计算各支路电压、支路电流的方法。

下面以图 2-22 所示的电路说明节点方程。该电路中节点数 $n=3$，首先将节点中的任一个（如节点 0）选为参考节点，将节点 1、2 对参考节点的电压分别记为 U_1、U_2，两个节点电压的参考方向都规定为独立节点指向参考节点，且规定参考节点的电位为零，所以 U_1、U_2 也是节点电位。

有了节点电压，各支路电压均可用节点电压表示，连接在独立节点与参考节点之间的支路电压等于相应节点的节点电压。且

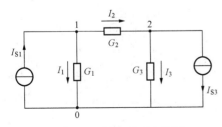

图 2-22　节点电压法举例

$$U_{12} = U_1 - U_2$$

下面来列写图中的节点方程。先选定各支路电流的参考方向，然后对节点 1、2 列 KCL 方程，得

$$\left.\begin{array}{l} I_1 + I_2 - I_{S1} = 0 \\ -I_2 + I_3 + I_{S3} = 0 \end{array}\right\} \tag{2-25}$$

且

$$\left.\begin{array}{l} I_1 = G_1 U_1 \\ I_2 = G_2(U_1 - U_2) \\ I_3 = G_3 U_2 \end{array}\right\} \tag{2-26}$$

将式（2-26）代入式（2-25），整理得

$$\left.\begin{array}{l} (G_1 + G_2)U_1 - G_2 U_2 = I_{S1} \\ -G_2 U_1 + (G_2 + G_3)U_2 = -I_{S3} \end{array}\right\} \tag{2-27}$$

这就是以节点电压 U_1、U_2 为未知量的节点方程。

以上方程组还可以进一步写成

$$\left.\begin{array}{l} G_{11}U_1 + G_{12}U_2 = I_{S11} \\ G_{21}U_1 + G_{22}U_2 = I_{S22} \end{array}\right\} \tag{2-28}$$

这就是具有两个独立节点的电路的节点方程的一般形式。其中 G_{11} 为节点 1 的自电导，是与节点 1 相连接的各支路电导的总和，即 $G_{11} = G_1 + G_2$；G_{22} 为节点 2 的自电导，是与节点 2 相连接的各支路电导的总和，即 $G_{22} = G_2 + G_3$；$G_{12} = G_{21}$ 为节点 1、2 间的互电导，是连接在节点 1 和节点 2 之间的各支路电导之和的负值，即 $G_{12} = G_{21} = -G_2$。

式（2-28）右边的 I_{S11} 和 I_{S22} 分别表示流入节点 1 和节点 2 的电流源的电流的代数和，且流入为正，流出为负，即

$$I_{S11} = I_{S1}, \ I_{S22} = -I_{S3}$$

节点电压法的解题步骤如下。

（1）选定参考节点，标出各独立节点序号，将独立节点电压作为未知量，其参考方向由独立节点指向参考节点。

（2）若电路中存在与电阻串联的电压源，则将其等效变换为电导与电流源的并联。

（3）列出节点方程

$$\left.\begin{array}{l} G_{11}U_1 + G_{12}U_2 + \cdots + G_{1(n-1)}U_{n-1} = I_{S11} \\ G_{21}U_1 + G_{22}U_2 + \cdots + G_{2(n-1)}U_{n-1} = I_{S22} \\ \cdots \\ G_{(n-1)1}U_1 + G_{(n-1)2}U_2 + \cdots + G_{(n-1)(n-1)}U_{n-1} = I_{S(n-1)(n-1)} \end{array}\right\} \tag{2-29}$$

（4）联立求解方程，解得各节点电压。

（5）指定各支路方向，并由节点电压求得各支路电压。

（6）应用支路的 VCR 关系，由支路电压求得各支路电流。

【例 2-8】 用节点电压法求图 2-23 中的各支路电流。

解： 取节点 0 为参考节点，列节点方程，得

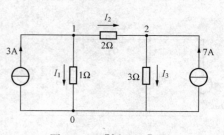

图 2-23 ［例 2-8］图

$$\left(\frac{1}{1}+\frac{1}{2}\right)U_1-\frac{1}{2}U_2=3$$

$$-\frac{1}{2}U_1+\left(\frac{1}{2}+\frac{1}{3}\right)U_2=7$$

解得

$$U_1=6\ (\text{V}),\ U_2=12\ (\text{V})$$

所以

$$I_1=\frac{U_1}{1}=\frac{6}{1}=6\ (\text{A})$$

$$I_2=\frac{U_1-U_2}{2}=\frac{6-12}{2}=-3\ (\text{A})$$

$$I_3=\frac{U_2}{3}=\frac{12}{3}=4\ (\text{A})$$

*三、弥尔曼定理

弥尔曼定理是节点电压法的特殊情况，也是最简单的节点电压法，适合只有两个节点的电路，所以列节点方程时只列一个方程（如图 2-24 所示），则有

$$(G_1+G_2+G_3+G_4)U_1=I_{S1}-I_{S2}+I_{S3}$$

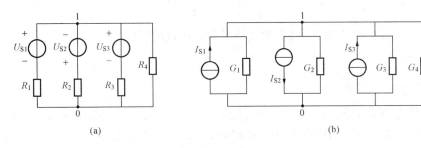

图 2-24　弥尔曼定理分析图

即

$$U_1=\frac{\sum I_{Si}}{\sum G_i}\qquad(2-30)$$

式中：$\sum G_i$ 为各支路电导之和；$\sum I_{Si}$ 为各电流源流入节点 1 的电流的代数和，可以将其写为 $\sum (G_iU_{Si})$，则

$$U_1=\frac{\sum (G_iU_{Si})}{\sum G_i}\qquad(2-31)$$

式（2-31）称为弥尔曼定理。

思考与讨论

1. 应用支路电流法列写独立的回路电压方程式时，是否一定要选用网孔？
2. 列写节点电压方程时遇到无伴电压源支路时，其电压已知电流未知，怎么办？

课题四　叠 加 定 理

　　叠加定理是分析线性电路重要的理论依据，也是分析线性电路最基本的方法之一。

　　叠加定理：对于线性电路，任一瞬间、任一处的电流或电压，恒等于各个独立电源单独作用时在该处产生的电流或电压的代数和。

　　图 2-25（a）所示电路中有两个独立电源，现在要求解电路中电流 I_1。

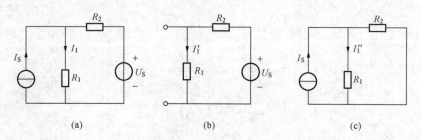

图 2-25　叠加定理

(a) 电路；(b) 电压源单独作用时；(c) 电流源单独作用时

　　根据 KCL、KVL 可以列出方程 $U_S = R_2(I_1 - I_S) + R_1 I_1$，解得 I_1，有

$$I_1 = \frac{U_S}{R_1 + R_2} + \frac{R_2 I_S}{R_1 + R_2} \tag{2-32}$$

从式（2-32）可以看出 I_1 是 U_S 和 I_S 的线性组合，可以改写成

$$I_1 = I_1' + I_1'' \tag{2-33}$$

其中 $I_1' = \dfrac{U_S}{R_1 + R_2}$，$I_1'' = \dfrac{R_2 I_S}{R_1 + R_2}$

　　式中：I_1' 为将电流源 $I_S = 0$ 时，电压源 U_S 单独作用时产生的响应；I_1'' 为将电压源 $U_S = 0$ 时，电流源 I_S 单独作用时产生的响应。式（2-33）表明，电流 I_1 是 I_1' 和 I_2'' 的叠加。

　　电压源为零时相当于短路，电流源为零时相当于开路。所以电压源 U_S 和电流源 I_S 分别单独作用时电路如图 2-25（b）、（c）所示，从图 2-25（b）得

$$I_1' = \frac{U_S}{R_1 + R_2}$$

从图 2-25（c）得

$$I_1'' = \frac{R_2 I_S}{R_1 + R_2}$$

与上面的结论一致，即验证了叠加定理。

　　使用叠加定理时，应注意以下几条。

　　(1) 叠加定理只适用于线性电路。

　　(2) 电压源为零，相当于在电压源处用短路线代替；电流源为零时，相当于在电流源处用开路代替。电路中所有电阻都不变动。

　　(3) 叠加时各电路中的电压和电流的参考方向与原电路中的参考方向相同时取"＋"号；相反时则取"－"号。

（4）电路的功率不能用叠加定理计算，这是因为功率是电压和电流的乘积。

【例2-9】　如图2-25（a）所示，已知$I_S=5A$，$U_S=10V$，$R_1=6\Omega$，$R_2=4\Omega$，试用叠加定理求支路电流I_1。

解：作图2-25（b）、（c），且在图2-25（b）中有

$$I_1'=\frac{U_S}{R_1+R_2}=\frac{10}{6+4}=1\,(A)$$

在图2-25（c）中有

$$I_1''=\frac{R_2I_S}{R_1+R_2}=\frac{4}{6+4}\times5=2\,(A)$$

所以

$$I_1=I_1'+I_1''=1+2=3\,(A)$$

【例2-10】　求图2-26中的电压U。

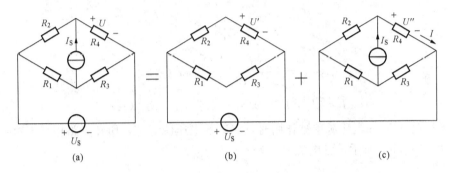

图2-26　[例2-10]图
(a) 电路；(b)、(c) 叠加定理求解

解：按叠加定理进行分析计算。作图2-26（b）、（c），在图2-26（b）中由分压关系有

$$U'=\frac{R_4}{R_2+R_4}U_S$$

在图2-26（c）中由分流关系有

$$I=\frac{R_2}{R_2+R_4}I_S$$

$$U''=R_4I=\frac{R_2R_4}{R_2+R_4}I_S$$

因此

$$U=U'+U''=\frac{R_4}{R_2+R_4}U_S+\frac{R_2R_4}{R_2+R_4}I_S$$

$$=\frac{R_4}{R_2+R_4}(U_S+R_2I_S)$$

【例2-11】　试用叠加定理求图2-27中的I_1、I_2、I_3。

解：（1）电压为20V的电压源单独作用时，10V的电压源置零，所在支路相当于短路，分电路图如图2-28（a）所示。

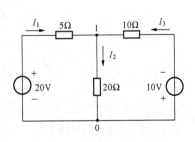

图2-27　[例2-11]图

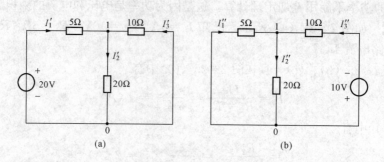

图 2-28　［例 2-11］分电路图

(a) 20V 的电压源单独作用时；(b) 10V 的电压源单独作用时

各电流分量的参考方向如图 2-28（a）所示，大小为

$$I_1' = \frac{20}{5 + \dfrac{20 \times 10}{20 + 10}} = 1.7 \, (\text{A})$$

$$I_2' = \frac{10}{20 + 10} I_1' = 0.57 \, (\text{A})$$

$$I_3' = I_2' - I_1' = 0.57 - 1.7 = -1.13 \, (\text{A})$$

（2）电压为 10V 的电压源单独作用时，20V 的电压源置零，所在支路相当于短路，分电路图如图 2-28（b）所示，各电流分量为

$$I_3'' = -\frac{10}{10 + \dfrac{20 \times 5}{20 + 5}} = -0.71 \, (\text{A})$$

$$I_2'' = \frac{5}{20 + 5} I_3'' = -0.14 \, (\text{A})$$

$$I_1'' = I_2'' - I_3'' = -0.14 + 0.71 = 0.57 \, (\text{A})$$

（3）原电路图中，待求电流 I_1、I_2、I_3 的值为

$$I_1 = I_1' + I_1'' = 1.7 + 0.57 = 2.27 \, (\text{A})$$

$$I_2 = I_2' + I_2'' = 0.57 - 0.14 = 0.43 \, (\text{A})$$

$$I_3 = I_3' + I_3'' = -1.13 - 0.71 = -1.84 \, (\text{A})$$

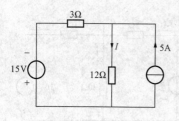

图 2-29　思考与讨论题 3 图

思考与讨论

1. 叠加定理可否用于将多个电源电路（例如有 4 个电源）看成是几组电源（例如 2 组电源）分别单独作用的叠加？

2. 利用叠加定理可否说明在单电源电路中，各处的电压和电流随电源电压或电流成正比例的变化？

3. 试用叠加定理求图 2-29 中的 I。

技能训练　验 证 叠 加 定 理

一、训练目的
(1) 进一步熟悉万用表、直流电压表及直流电流表的使用。
(2) 验证线性电路叠加定理，加深对线性电路的叠加性和齐次性的认识和理解。

二、实训设备与仪器
(1) 直流稳压电源，2 台。
(2) 指针式万用表，1 只。
(3) 直流毫安表和直流电压表，各 1 只。
(4) 相应实验电路板，1 块。

三、实训原理与说明
叠加定理指出：在有多个独立源共同作用下的线性电路中，通过每一个元件的电流或其两端的电压，可以看成是由每一个独立源单独作用时在该元件上所产生的电流或电压的代数和。

线性电路的齐次性是指当激励信号（某独立源的值）增加或减小 K 倍时，电路的响应（即在电路中各电阻元件上所建立的电流和电压值）也将增加或减小 K 倍。

四、训练内容与操作步骤
验证叠加定理实验电路如图 2-30 所示。

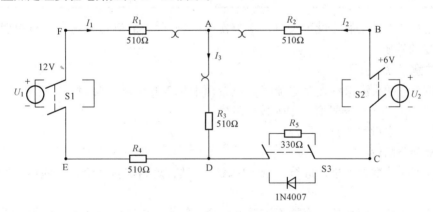

图 2-30　验证叠加定理实验电路

(1) 将两路稳压源的输出分别调节为 12V 和 6V，接入 U_1 和 U_2 处。
(2) 令 U_1 电源单独作用（将开关 S1 投向 U_1 侧，开关 S2 投向短路侧）。用直流电压表和毫安表（接电流插头）测量各支路电流及各电阻元件两端的电压，数据记入表 2-1。

表 2-1　　　　　　　　　　　　　数 据 记 录 表 一

测量项目　　实验内容	U_1 /V	U_2 /V	I_1 /mA	I_2 /mA	I_3 /mA	U_{AB} /V	U_{CD} /V	U_{AD} /V	U_{DE} /V	U_{FA} /V
U_1 单独作用										
U_2 单独作用										

续表

测量项目 实验内容	U_1 /V	U_2 /V	I_1 /mA	I_2 /mA	I_3 /mA	U_{AB} /V	U_{CD} /V	U_{AD} /V	U_{DE} /V	U_{FA} /V
U_1、U_2 共同作用										
$2U_2$ 单独作用										

(3) 令 U_2 电源单独作用（将开关 S1 投向短路侧，开关 S2 投向 U_2 侧），重复实验步骤 (2) 的测量和记录，数据记入表 2 - 1。

(4) 令 U_1 和 U_2 共同作用（开关 S1 和 S2 分别投向 U_1 和 U_2 侧），重复上述的测量和记录，数据记入表 2 - 1。

(5) 将 U_2 的数值调至 +12V，重复上述第 (3) 项的测量并记录，数据记入表 2 - 1。

(6) 将 R_5（330Ω）换成二极管 1N4007（即将开关 S3 投向二极管 1N4007 侧），重复 (1)～(5) 的测量过程，数据记入表 2 - 2。

表 2 - 2　　　　　　　　　　　数 据 记 录 表 二

测量项目 实验内容	U_1 /V	U_2 /V	I_1 /mA	I_2 /mA	I_3 /mA	U_{AB} /V	U_{CD} /V	U_{AD} /V	U_{DE} /V	U_{FA} /V
U_1 单独作用										
U_2 单独作用										
U_1、U_2 共同作用										
$2U_2$ 单独作用										

(7) 任意按下某个故障设置按键，重复实验内容 (4) 的测量和记录，再根据测量结果判断出故障的性质。

五、注意事项

(1) 用电流插头测量各支路电流时，或者用电压表测量电压降时，应注意仪表的极性，正确判断测得值的 +、- 号后，记入数据表格。

(2) 注意仪表量程的及时更换。

六、报告与结论

(1) 根据实验数据表格，进行分析、比较，归纳、总结实验结论，即验证线性电路的叠加性与齐次性。

(2) 各电阻器所消耗的功率能否用叠加定理计算得出？试用上述实验数据，进行计算并做结论。

(3) 通过实验步骤 (6) 及分析表 2 - 2 的数据，你能得出什么样的结论？

(4) 实验电路中，若有一个电阻器改为二极管，试问叠加定理的叠加性与齐次性还成立吗？为什么？

本 章 小 结

一、电阻电路的等效变换

1. 电阻的串并联

几个电阻串联可以等效为一个电阻，即

$$R = R_1 + R_2 + \cdots + R_k + \cdots + R_n = \sum_{k=1}^{n} R_k$$

串联电路的特点是电流处处相等。

几个电阻并联可以等效为一个电阻，即

$$\frac{1}{R} = \sum_{k=1}^{n} \frac{1}{R_k}$$

并联电路的特点是各并联支路电压相同。

2. 电阻Y—△形等效变换

电阻的星形连接和三角形连接可以等效互换，在对称情况下有

$$R_Y = \frac{1}{3} R_\triangle \quad 或 \quad R_\triangle = 3 R_Y$$

二、电源的等效变换

（1）实际电源可用电压源模型或电流源模型来等效，且两种模型之间满足以下条件即可等效互换

$$U_S = R_S I_S \quad 或 \quad I_S = \frac{U_S}{R_S} = G_S U_S$$

 注 意

    I_S 的参考方向由 U_S 的负极指向正极。G_S 为实际电源的内电导。

（2）电源的串并联。

几个电压源串联可以等效为一个电压源；几个电压源模型并联可以等效为一个电压源模型，几个理想电压源相同时才能并联，等效为一个相同电压值的理想电压源。

几个电流源并联可以等效为一个电流源；几个电流源模型串联可以等效为一个电流源模型，几个理想电流源相同时才能串联，等效为一个相同电流值的理想电流源。

三、电路分析方法

（1）支路电流法：若电路有 b 条支路、n 个节点和 m 个网孔时，以 b 个支路电流为未知量，将有 $(n-1)$ 个独立的 KCL 方程和 m 个独立的 KVL 方程，并且 $b=(n-1)+m$，联立求解这 b 个方程得 b 个支路电流。

（2）节点电压法：是以独立节点对参考节点的电压（称为节点电压）为网络变量（未知量）求解电路的方法。有 n 个节点就列 $(n-1)$ 个独立的 KCL 方程。

弥尔曼定理是节点电压法的特殊情况，适合于只有两个节点的电路。

四、叠加定理

对于线性电路，任一瞬间、任一处的电流或电压响应，恒等于各个独立电源单独作用时在该处产生响应的代数和。功率不能叠加。

习 题 二

一、填空题

2-1 串联电路的特点是_____。

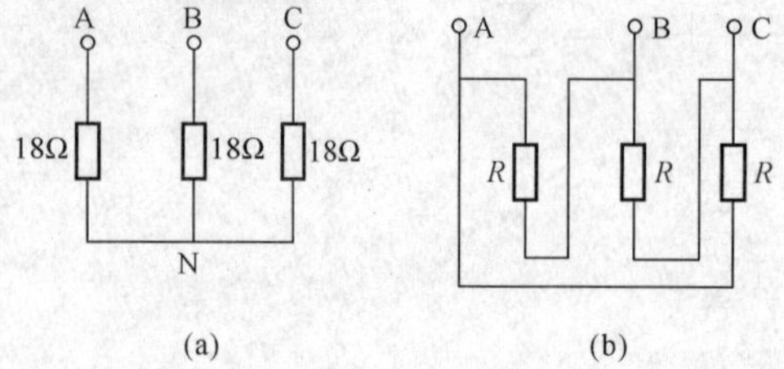

图 2-31　习题 2-5 图

2-2　并联电路的特点是＿＿＿＿＿＿＿＿＿。

2-3　两个电阻 R_1 和 R_2 组成一串联电路，已知 $R_1:R_2=1:2$，则通过两电阻的电流之比 $I_1:I_2=$＿＿＿＿＿＿，两电阻上电压之比为 $U_1:U_2=$＿＿＿＿＿＿，消耗功率之比 $P_1:P_2=$＿＿＿＿＿＿。

2-4　两个电阻 R_1 和 R_2 组成一并联电路，已知 $R_1:R_2=1:2$，则两电阻两端电压之比为 $U_1:U_2=$＿＿＿＿＿＿，通过两电阻的电流之比 $I_1:I_2=$＿＿＿＿＿＿，两电阻消耗功率之比 $P_1:P_2=$＿＿＿＿＿＿。

2-5　三个电阻原接法如图 2-31（a）所示，是＿＿＿＿＿＿＿接法，现将图 2-31（a）等效成图 2-31（b），图 2-31（b）是＿＿＿＿＿＿＿接法，其中 $R=$＿＿＿＿＿＿。

2-6　支路电流法是以＿＿＿＿＿＿＿为未知量；节点电压法是以＿＿＿＿＿＿＿为未知量。

2-7　叠加定理只适用于线性电路，并只限于计算线性电路中的＿＿＿＿＿＿和＿＿＿＿＿＿，不适用于计算电路的＿＿＿＿＿＿。

二、判断题（正确的在题末括号内打"√"，错误的打"×"）

2-8　导体的电阻与导体两端的电压成正比，与导体中流过的电流成反比。　　　（　　）

2-9　两个阻值分别为 $R_1=10\Omega$，$R_2=5\Omega$ 的电阻串联。由于 R_2 电阻小，对电流的阻碍作用小，故流过 R_2 的电流比 R_1 中的电流大些。　　　（　　）

2-10　两个电压值不同的理想电压源可以并联，两个电流值不同的理想电流源可以串联。　　　（　　）

2-11　在应用叠加定理时，考虑某一电源单独作用而其余电源不作用时，应把其余电压源短路，电流源开路。　　　（　　）

2-12　在含有两个电源的线性电路中，当 U_1 单独作用时，某电阻消耗功率为 P_1，当 U_2 单独作用时消耗功率为 P_2，当 U_1、U_2 共同作用时，该电阻消耗功率为 P_1+P_2。（　　）

三、选择题

2-13　两个阻值均为 R 的电阻，作串联时的等效电阻与作并联时的等效电阻之比为（　　）。

A. 2:1　　　　　　B. 1:2　　　　　　C. 4:1　　　　　　D. 1:4

2-14　已知每盏节日彩灯的等效电阻为 2Ω，通过的电流为 0.2A，若将它们串联后，接在 220V 的电源上，需串接（　　）。

A. 55 盏　　　　　B. 110 盏　　　　　C. 1100 盏　　　　　D. 550 盏

2-15　两台额定功率相同，但额定电压不同的用电设备，若额定电压为 110V 的设备的电阻为 R，则额定电压为 220V 设备的电阻为（　　）。

A. 2R　　　　　　B. R/2　　　　　　C. 4R　　　　　　D. R/4

2-16　一个 220V、100W 的灯泡和一个 220V、40W 的灯泡串联接在 380V 的电源上则（　　）。

A. 220V、40W 的灯泡易烧坏　　　　　B. 220V、100W 的灯泡易烧坏
C. 两个灯泡均易烧坏　　　　　　　　　D. 两个灯泡均正常发光

四、分析与计算题

2-17 电阻 R_1、R_2 串联，已知总电压 $U=10\text{V}$，总电阻 $R_1+R_2=100\Omega$，测出 R_1 上电压为 2V，求 R_1 和 R_2 的阻值。

2-18 两电阻 R_1、R_2 并联，已知 $R_1=10\Omega$，$R_2=30\Omega$，总电流 $I=12\text{A}$，试求等效电阻及流过每个电阻的电流。

2-19 图 2-32 所示电路中，试求：

(1) 开关 S 打开时，开关两端电压 U_{AB}；

(2) 开关 S 闭合后流经开关的电流 I_{AB}。

2-20 试求图 2-33 所示各二端网络端口的等效电阻。

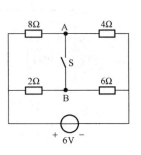

图 2-32 习题 2-19 图

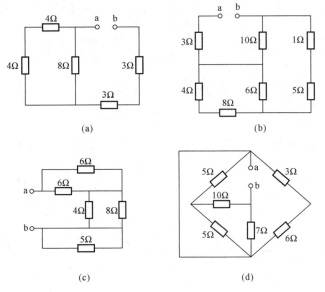

(a)   (b)

(c)   (d)

图 2-33 习题 2-20 图

2-21 求图 2-34 所示电路的等效电源模型。

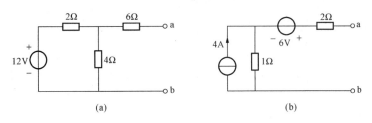

(a)   (b)

图 2-34 习题 2-21 图

2-22 求图 2-35 所示电路中的电流 I_1、I_2。

2-23 用支路电流法求图 2-36 所示电路中的电流 I。

2-24 用支路电流法求图 2-37 所示电路中各支路电流。

2-25 用节点分析法求图 2-38 所示电路的节点电压。

2-26 试用叠加定理求图 2-39 所示电路中的 I。

2-27 用叠加定理求图 2-40 所示电路中的电压 U。

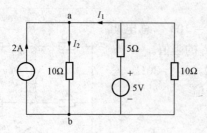

图 2-35　习题 2-22 图

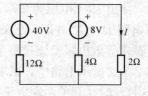

图 2-36　习题 2-23 图

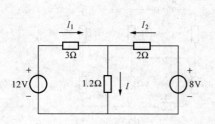

图 2-37　习题 2-24 图

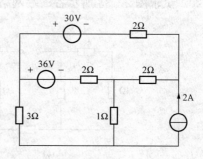

图 2-38　习题 2-25 图

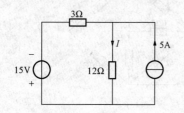

图 2-39　习题 2-26 图

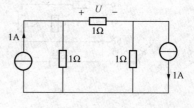

图 2-40　习题 2-27 图

第 三 章

正 弦 交 流 电 路

    正弦交流电路是指含有正弦交变电源且电路中各部分产生的电压、电流响应均随时间按正弦规律变化的电路。

    正弦交流电较之直流电具有显著的优越性：首先正弦交流电易于产生、变换，便于传输和分配；并且正弦交流电有利于电气设备的运行；此外正弦信号是一种基本信号，大部分变化规律复杂的周期信号都可以分解为一系列按正弦规律变化的分量，有利于简化电路的分析计算。因而正弦交流电在工程实际的各个领域特别是电力系统中得到广泛应用，故对正弦交流电路的分析研究具有重要的理论价值和实用意义。

    本章主要讨论正弦交流电路的基本概念、基本理论和基本分析方法，主要内容包括：①正弦量的基本特征和相量表示法；②单一参数元件的正弦交流电路；③阻抗及其等效变换；④正弦稳态电路的功率和功率因数的提高；⑤RLC 串联谐振。

【知识目标】

    （1）建立正弦量的三要素、有效值和相位差的概念。

    （2）掌握正弦交流电的相量表示法，熟练掌握相量形式的基尔霍夫定律，能利用相量进行正弦量的计算。

    （3）熟悉正弦交流电路中电阻、电感、电容元件的电压电流关系，理解有功功率和无功功率的概念。

    （4）建立正弦电路中复阻抗的概念，理解阻抗角的意义，掌握其在电路中的计算方法。

    （5）掌握正弦交流电路的有功功率、无功功率、视在功率和功率因数的计算方法，理解提高交流电路功率因数的意义和方法。

    （6）建立谐振的概念，理解串联谐振的条件、特点和意义。

【技能目标】

    （1）熟悉实验室工频电源的配置。

    （2）学会使用交流电压表、电流表、万用表和单相调压器。

    （3）能熟练利用实验方法验证相量形式的基尔霍夫定律并加深对相量的理解。

    （4）学会使用功率表和功率因数表。

    （5）学会荧光灯电路的接线，通过实验操作验证并联适当容量的电容器于感性负载两端可以提高电路的功率因数。

课题一 正弦量的基本概念

    瞬时值随时间按正弦函数规律周期性变化的电压和电流统称为正弦量，其特征表现在变化的幅度、变化的快慢及初始值三个方面，分别由幅值、角频率和初相位来确定，称为正弦量的三要素。

一、正弦量的三要素

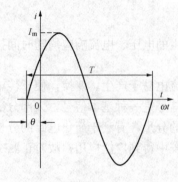

图 3-1　正弦电流的波形

正弦量在任一瞬间的值称为瞬时值，用小写字母表示，现以正弦电流为例说明正弦量的数学表达式和三要素。

图 3-1 是一个正弦电流随时间变化的曲线，称为波形图，对应的瞬时值解析式为

$$i = I_{m}\sin(\omega t + \theta) \tag{3-1}$$

当然，正弦电流的瞬时值解析式和波形图都是相对于选定的参考方向而言，大于零表示对应时刻电流的实际方向和参考方向相同，小于零则表示电流的实际方向和参考方向相反。

1. 幅值（振幅或最大值）

瞬时值中最大的值称为正弦量的幅值或最大值，用大写字母带下标 m 表示。因为正弦函数的最大值为 1，所以式（3-1）中 I_m 即为正弦电流 i 的幅值，也称振幅或最大值，它反映了正弦电流在一个周期内变化的正向最大幅度。同样，U_m、E_m 分别表示正弦电压、电动势的幅值。

2. 角频率

正弦量的辐角在单位时间内的变化量即单位时间内变化的弧度数称为角频率，用 ω 表示，它反映了正弦量循环变化的快慢。角频率的 SI 主单位为 rad/s（弧度每秒）。

此外，正弦量循环变化的快慢还可用周期 T 和频率 f 表示。周期 T 是指正弦量交变一周所需的时间，SI 主单位为 s（秒）。而单位时间内正弦量循环变化的周数称为正弦交流电的频率 f，SI 主单位为 Hz（赫兹）。我国和世界上大多数国家都采用 50Hz 作为电力工业的标准频率（即工频）。

由于正弦量在一个周期 T 的时间内辐角变化了 2π 弧度，所以 ω、T、f 三者的关系为

$$\omega = \frac{2\pi}{T} = 2\pi f \tag{3-2}$$

正弦量是随时间循环变化的，在研究时应选择一个计时起点。选择的计时起点不同，正弦量的初始状态（初始值）就不同，到达某一特定值所需的时间就不同，具体由初相［位］决定。

3. 初相［位］

（1）相位或相位角：式（3-1）中随时间连续变化的电角度 $(\omega t + \theta)$ 称为正弦量的相位［角］，它反映了正弦量在每一瞬间的状态。不同时刻正弦量有着不同的相位［角］，因此相位［角］表征了正弦量随时间连续变化的整个进程。相位［角］每增加 2π 弧度正弦量就交变一周，如此循环往复。

（2）初相或初相位：$t=0$ 时刻的相位［角］θ 称为正弦量的初相或初相位，即

$$\theta = (\omega t + \theta)|_{t=0} \tag{3-3}$$

初相［位］反映了正弦量变化的初始状态或正弦量变化的初始进程（即 $t=0$ 时刻的值）。通

常规定$|\theta|\leqslant\pi$。

正弦量的初相［位］和计时起点的选择有关。同一个正弦量，选择的计时起点不同，正弦量的初相和初始状态就不同。计时起点可任意选择，但在同一问题中只能有一个计时起点。图3-2反映了同一正弦量选择不同计时起点时的初相［位］。

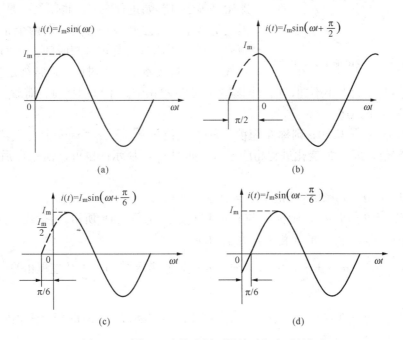

图3-2　同一正弦量选择不同计时起点时的初相

(a) $\theta=0°$；(b) $\theta=\dfrac{\pi}{2}=90°$；(c) $\theta=\dfrac{\pi}{6}=30°$；(d) $\theta=-\dfrac{\pi}{6}=-30°$

综上所述，I_m反映了正弦电流交变的正向最大幅度，ω反映了正弦电流随时间交变的快慢，θ反映了正弦电流变化的初始状态，如果I_m、ω和θ为已知，则正弦电流i与时间t的关系就是唯一确定的，所以把幅值、角频率和初相统称为确定正弦量的三要素。

【例3-1】　已知正弦电压$u=311\sin(314t+210°)\text{V}$，电流$i=-10\sin(100\pi t+30°)\text{A}$，试求它们的三要素。

思路分析：最大值不能为负值，且$|\theta|\leqslant\pi$，故需将两正弦量的解析式先变换再求三要素。

解：
$$u=311\sin(314t+210°)\text{V}=311\sin(314t-150°)\text{V}$$

所以　　　　　　　　$U_m=311\text{V}，\omega=314\text{rad/s}，\theta_u=-150°$

$$i=-10\sin(100\pi t+30°)\text{A}=10\sin(100\pi t-150°)\text{A}$$

所以　　　　　　　　$I_m=10\text{A}，\omega=100\pi\text{rad/s}，\theta_i=-150°$

二、同频率正弦量的相位差

在正弦交流电路中，将两个同频率正弦量之间的相位［角］之差定义为相位差，用φ表示。相位差反映了两个同频率正弦量的变化进程之差，是描述同频率正弦量相互关系的重要指标之一。

两个同频率正弦电流$i_1=I_{m1}\sin(\omega t+\theta_1)$和$i_2=I_{m2}\sin(\omega t+\theta_2)$的波形如图3-3所示，根

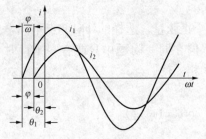

图 3-3　同频率正弦电流 i_1，i_2 的波形

据定义，它们之间的相位差

$$\varphi = (\omega t + \theta_1) - (\omega t + \theta_2) = \theta_1 - \theta_2 \quad (3-4)$$

可见两个同频率正弦量的相位差，等于它们的初相之差。即变化速度相同的两个正弦量的变化进程之差始终等于其初始进程之差，也就是 φ 是一个与时间 t 无关的常量。反之则容易理解，若两个正弦量的变化频率不同，则其相位差必将随时间变化而不再是一个常数，此种情况本书不予讨论。通常规定 $|\varphi| \leqslant \pi$。

根据相位差 φ 的大小不同，两个同频率正弦量的相位关系可用超前、滞后、同相、反相和正交五种关系来描述。

（1）如果 $\varphi = \theta_1 - \theta_2 > 0$，则称 i_1 超前 i_2 一个相位角 φ。它表示 i_1 先于 i_2 一段时间（φ/ω）达到某一特定值，即 i_1 的变化进程超前于 i_2，如图 3-3 所示。也可以称 i_2 滞后于 i_1 一个相位角 φ。

（2）如果 $\varphi = \theta_1 - \theta_2 < 0$，结论刚好与上述情况相反。

（3）如果 $\varphi = \theta_1 - \theta_2 = 0$，则称 i_1 与 i_2 同相，如图 3-4（a）所示。它表示 i_1 和 i_2 同时达到某一特定值，即 i_1 和 i_2 的变化进程完全相同。

（4）如果 $\varphi = \theta_1 - \theta_2 = \pm \dfrac{\pi}{2}$，则称 i_1 与 i_2 正交，它表示 i_1 和 i_2 变化进程相差 $\dfrac{T}{4}$，如图 3-4（b）所示。

（5）如果 $\varphi = \theta_1 - \theta_2 = \pm \pi$，则称 i_1 与 i_2 反相，它表示 i_1 与 i_2 的变化进程刚好相反，如图 3-4（c）所示。

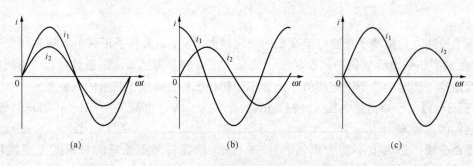

图 3-4　i_1 和 i_2 相位差为特殊值时的波形

(a) i_1 和 i_2 同相；(b) i_1 和 i_2 正交；(c) i_1 和 i_2 反相

由前述分析可知，当计时起点改变时，正弦量的初相也随之改变，但同频率正弦量之间的相位差仍保持不变。在正弦交流电路中，常需研究多个同频率正弦量之间的关系，为方便起见，常选取其中一正弦量为参考正弦量，令其初相 $\theta = 0°$，则其他各正弦量的初相即为该正弦量与参考正弦量之间的相位差。

【例 3-2】 已知 $u = 311\sin(\omega t + 45°)\text{V}$，$i = 14.1\sin(\omega t - 150°)\text{A}$，试问哪一个正弦量超前？超前多少角度？

解：　　　　　　　$\varphi = \theta_u - \theta_i = 45° - (-150°) = 195°$

因为相位差的取值范围是 $|\varphi| \leqslant \pi$（$180°$），而与 $195°$ 角终边相同且绝对值不超过 $180°$ 的

角为 $-360°+195°=-165°<0$，所以 i 超前 u 165°。

三、正弦量的有效值

电路的一个主要作用是能量转换。而正弦交流电的瞬时值和最大值都不能确切反映它们在转换能量方面的效果，为此我们定义有效值的概念，用有效值来表征正弦量的大小。

1. 周期量的有效值

周期量的有效值是根据电流的热效应来定义的。假定周期电流 i 和直流电流 I 分别通过两个相同的电阻 R，如果在相同的时间 T（周期电流的周期）内产生的热量相等，则认为周期电流 i 和直流电流 I 大小相等，把直流电流 I 的数值称为周期电流 i 的有效值。可见有效值是从能量转换角度去考虑的等效直流值。有效值用大写字母表示，和表示直流的字母一样。

两个电流产生的热量相等即

$$Q = I^2RT = \int_0^T i^2 R \mathrm{d}t$$

据此可得周期电流的有效值表达式为

$$I = \sqrt{\frac{1}{T}\int_0^T i^2 \mathrm{d}t} \tag{3-5}$$

同理周期电压的有效值表达式为

$$U = \sqrt{\frac{1}{T}\int_0^T u^2 \mathrm{d}t} \tag{3-6}$$

由上述有效值的数学定义式可见，周期量的有效值就是它的方均根值。

2. 正弦量的有效值

当周期电流为正弦量即 $i = I_\mathrm{m}\sin\omega t$ 时，由式（3-5）可得

$$I = \sqrt{\frac{1}{T}\int_0^T I_\mathrm{m}^2 \sin^2\omega t \, \mathrm{d}t} = \sqrt{\frac{I_\mathrm{m}^2}{T}\int_0^T \frac{1}{2}(1-\cos 2\omega t)\mathrm{d}t} = \frac{I_\mathrm{m}}{\sqrt{2}} = 0.707 I_\mathrm{m} \tag{3-7}$$

同理，正弦电压的有效值

$$U = \frac{U_\mathrm{m}}{\sqrt{2}} = 0.707 U_\mathrm{m} \tag{3-8}$$

即任意正弦量的最大值是其有效值的 $\sqrt{2}$ 倍。

工程上所讲的正弦电压、电流的大小一般都指它的有效值，如电气设备的铭牌额定值、电网的电压等级等。但绝缘水平、耐压值指的是最大值，因此，在考虑电气设备的耐压水平时应按最大值考虑。一般交流测量仪表指示的电压、电流读数也是指有效值。

最后强调以下两点。

（1）在正弦电路中字母符号的不同写法代表不同的含义：小写字母（i、u）表示瞬时值，大写字母（I、U）表示有效值，大写字母加下标 m（I_m、U_m）表示最大值（幅值），应注意区分。

（2）相位和初相是正弦量的专有概念，幅值和有效值之间的 $\sqrt{2}$ 倍关系也是正弦量所特有的。

1. 耐压值为 300V 的电容器能够在有效值为 220V 的正弦交流电压下安全工作吗？

2. 正弦量的最大值和有效值是否随时间变化？它们的大小与频率、相位有关系吗？

3. 已知 $i_1 = 3\sin314t$ A，$i_2 = 4\sin(942t+90°)$ A。能说 i_2 比 i_1 超前 90°吗？为什么？

课题二　正弦量的相量表示法

分析交流电路时，经常需要进行正弦电压、电流的加减、乘除运算。如前所述，正弦量可以用三角函数解析式和波形图来表示，且这两种方法都明确表达了正弦量的三要素并可唯一确定正弦量在任意时刻的值。但无论是按解析式还是波形图分析计算正弦交流电路都异常繁琐，而借助于复数的正弦量的相量表示法则可使正弦交流电路的分析计算大为简化。为此，先扼要地复习复数的相关知识，再介绍怎样用复数来表示正弦量，即正弦量的相量表示法。

一、复数

1. 复数的常用表达形式

(1) 代数形式（直角坐标形式）。

复数 A 的代数形式表示为 $A = a + jb$，式中实数 a 称为实部，实数 b 称为虚部，$j = \sqrt{-1}$ 称为虚数单位（即为数学中的 i，电工技术中 i 用于表示电流）。

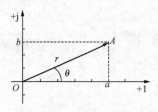

图 3-5　复数的矢量表示

复数与复平面上的矢量一一对应。以直角坐标系的横轴为实轴，纵轴为虚轴，该坐标系所在的平面称为复平面。复数 $A = a + jb$ 可用复平面上的矢量 OA 来表示，如图 3-5 所示，矢量在实轴上的投影等于其实部 a，在虚轴上的投影等于其虚部 b。矢量 OA 的长度 r 称为复数 A 的模，矢量和正实轴的夹角 θ 称为复数 A 的辐角，可以得到

$$\left.\begin{aligned} r &= \sqrt{a^2 + b^2} \\ \tan\theta &= \frac{b}{a} \end{aligned}\right\} \tag{3-9}$$

及

$$\left.\begin{aligned} a &= r\cos\theta \\ b &= r\sin\theta \end{aligned}\right\} \tag{3-10}$$

(2) 极坐标形式。

复数的极坐标形式可直接表示出复数的模和辐角，简记为

$$A = r\angle\theta \tag{3-11}$$

2. 复数的运算

(1) 复数的加减运算。

复数的加减运算一般用代数形式进行。设 $A = a_1 + jb_1$，$B = a_2 + jb_2$，则有

$$A \pm B = (a_1 \pm a_2) + j(b_1 \pm b_2) \tag{3-12}$$

此外，复数的加减运算还可以利用矢量加减的平行四边形法则或三角形法则作图求解，如图 3-6 所示。

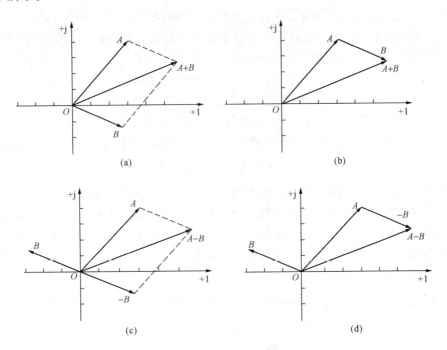

图 3-6 复数加减运算的矢量图

进行多个复数的加减运算时还可按首尾相接的原则进一步简化成多角形法则。

（2）复数的乘除运算。

复数的乘除运算一般采用极坐标形式进行。设 $A = r_1 \angle \theta_1$，$B = r_2 \angle \theta_2$，则有

$$AB = r_1 \angle \theta_1 r_2 \angle \theta_2 = r_1 r_2 \angle (\theta_1 + \theta_2) \tag{3-13}$$

$$\frac{A}{B} = \frac{r_1 \angle \theta_1}{r_2 \angle \theta_2} = \frac{r_1}{r_2} \angle (\theta_1 - \theta_2) \tag{3-14}$$

即复数相乘时模相乘角相加；复数相除时模相除角相减。

二、正弦量的相量表示法

除解析式和波形图外，要表示正弦量 $i = I_m \sin(\omega t + \theta)$，可在复平面上作一矢量 OA，其长度按比例等于该正弦量的幅值 I_m，矢量与正实轴的夹角等于其初相 θ，并且假定该矢量自初始位置开始以角频率 ω 的角速度绕坐标原点逆时针方向旋转，如图 3-7 所示。

可见，这个旋转矢量不仅完整地反映了正弦量的三要素，而且其各个时刻在纵轴上的投影就对应于该时刻的正弦量的瞬时值，显然该旋转矢量又对应于复数 $A = I_m \angle \theta \cdot 1 \angle \omega t$，所以正弦量 $i = I_m \sin(\omega t + \theta)$ 可用复数 $A = I_m \angle \theta \cdot 1 \angle \omega t$ 来表示。

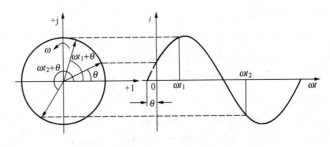

图 3-7 旋转矢量与正弦波

由于正弦交流电路中所有的响应都是与激励同频率的正弦量，即各正弦量都具有相同的已知角频率 ω（由已知工频电源频率决定），故不必反映正弦量的角频率这一要素。这样，便可用初始位置的矢量来表征正弦电流 i 的幅值和初相，而初始位置的矢量又与复数 $A = I_{\mathrm{m}} \angle \theta$ 对应，因此，正弦电流 i 便可对应地用复数 $A = I_{\mathrm{m}} \angle \theta$ 来表示。这种用一个特定的复数来表示正弦量的方法称为正弦量的相量表示法，电工技术中把这种表示正弦量的复数称为相量。采用相量表示法之后，正弦电压、电流的加减乘除运算便可按复数的运算法则进行。

为了使计算结果直接反映正弦量的有效值，常用复数 $I \angle \theta$ 代替复数 $I_{\mathrm{m}} \angle \theta$ 来表示正弦电流 i，这个复数的模等于正弦电流 i 的有效值，辐角等于正弦电流 i 的初相，称它为该正弦电流的有效值相量，而复数 $I_{\mathrm{m}} \angle \theta$ 则叫做该正弦电流的最大值相量。为与一般的复数相区别，用该正弦量的大写字母上加一圆点"·"表示对应的相量，写为电流的有效值相量 $\dot{I} = I \angle \theta$ 和最大值相量 $\dot{I}_{\mathrm{m}} = I_{\mathrm{m}} \angle \theta$。这种相量表示法同样适用于其他正弦量如电压、电动势以及磁通等。

表示正弦量的相量既然是一个复数，便可在复平面上用矢量来表示。研究多个同频率正弦量的相互关系时，常将各正弦量按其大小和初相用矢量画在同一坐标的复平面上，这样的图形称为相量图。分析电路时，有时可借助于相量图用几何方法得出结果。注意不同频率的正弦量不能画在同一个相量图上。

【例 3 - 3】 正弦电压 $u = 114\sin(\omega t - 60°)\,\mathrm{V}$，电流 $i = 100\sqrt{2}\sin(\omega t + 45°)\,\mathrm{A}$，试用相量表示电压、电流并绘出相量图。

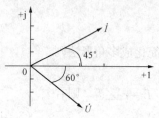

图 3 - 8 ［例 3 - 3］图

解:
$$\dot{U} = \frac{114}{\sqrt{2}} \angle -60° = 80 \angle -60° \ (\mathrm{V})$$

$$\dot{I} = 100 \angle 45° \ (\mathrm{A})$$

【例 3 - 4】 两工频相量 $\dot{U} = 100 \angle 30°\,\mathrm{V}$，$\dot{I} = (4 - \mathrm{j}3)\,\mathrm{A}$，试求相应的解析式。

解: $\omega = 2\pi f = 2\pi \times 50 = 100\pi \ (\mathrm{rad/s})$

$$u(t) = 100\sqrt{2}\sin(100\pi t + 30°) \ (\mathrm{V})$$

$$I = \sqrt{4^2 + (-3)^2} = 5 \ (\mathrm{A}), \quad \theta = \arctan\frac{-3}{4} = -36.9°$$

$$i(t) = 5\sqrt{2}\sin(100\pi t - 36.9°) \ (\mathrm{A})$$

相量图如图 3 - 8 所示。

三、相量形式的基尔霍夫定律

由第一章的讨论可知，基尔霍夫定律仅与元件的相互连接方式有关，无论元件是线性的还是非线性的，电路是直流还是交流，基尔霍夫定律总成立。那么在正弦电路中，$\sum i = 0$，$\sum u = 0$ 仍然成立。

正弦交流电路中各支路电流和电压都是同频率的正弦量，为方便运算需将电压、电流用相量表示，由此便得到相量形式的基尔霍夫定律。

1. 相量形式的基尔霍夫电流定律

$$\sum \dot{I} = 0 \qquad\qquad\qquad (3-15)$$

式（3 - 15）表明：正弦交流电路中流入任一节点的各支路电流相量的代数和恒等于零。对任一节点列写 KCL 方程的方法同直流电路一样，只需注意运算时应求各电流的相量和而非有效值之和。

2. 相量形式的基尔霍夫电压定律

$$\sum \dot{U} = 0 \qquad (3-16)$$

式（3-16）表明：正弦交流电路的任一回路中，各段电压相量的代数和恒等于零。对任一回路列写 KVL 方程的方法也同直流电路一样，只需注意运算时应求各电压的相量和而非有效值之和。

【例 3-5】 已知某两条支路组成的并联电路中各支路电流分别为 $i_1 = 100\sqrt{2}\sin(\omega t + 45°)$A，$i_2 = 60\sqrt{2}\sin(\omega t - 30°)$A。求 $i = i_1 + i_2$ 的值。

解：
$$\dot{I}_1 = 100\angle 45°\text{A}, \quad \dot{I}_2 = 60\angle -30°\text{A}$$
$$\dot{I} = \dot{I}_1 + \dot{I}_2 = 100\angle 45° + 60\angle -30° = 50\sqrt{2} + \text{j}50\sqrt{2} + 30\sqrt{3} - \text{j}30$$
$$= 123 + \text{j}41 = 129\angle 18.4° \text{ (A)}$$
$$i = 129\sqrt{2}\sin(\omega t + 18.4°) \text{ (A)}$$

最后指出以下几点注意事项。

（1）相量表示法的规范表达：相量图上各相量必须用带箭头的有向线段表示，且在标注的大写字母头上应加圆点"·"的符号。

（2）相量同样对应于选定的参考方向而言，同一正弦量参考方向选择相反则反相。

（3）作相量图时一般可省略复平面的实轴和虚轴，相量图上的相量可任意平行移动到需要的位置。

（4）在正弦交流电路中应用基尔霍夫定律时应避免将电压或电流的相量和误算为有效值之和。

思考与讨论

1. 正弦交流电压的有效值为 220V，初相 $\theta = 45°$，判断下列各式正确与否。

（1）$u = 220\sin(\omega t + 45°)$V；（2）$U = 220\angle 45°$V；（3）$u_m = 220\sqrt{2}$V。

2. 已知 $u_1 = 100\sqrt{2}\sin\omega t$V，$u_2 = 100\sqrt{2}\sin(\omega t - 120°)$V，试求 $u_1 - u_2$，并绘出相量图。

3. 已知 $\dot{I} = 10\angle 53.1°$A，求相量 $\text{j}\dot{I}$、$-\text{j}\dot{I}$ 对应的解析式，并绘出对应的相量图。

课题三 单一参数元件的正弦交流电路

单一参数电路元件是指仅由 R、L、C 三种参数中的一个来表征其电磁特性的电路元件，在第一章中已经讨论过线性电阻、电感和电容元件的基本特性。工程实际中最简单的交流电路可以作为单一参数元件的电路来处理，复杂交流电路也可以认为由单一参数元件按一定方式连接而成，因此分析单一参数元件在交流电路中的特性具有重要意义。

任务一 纯电阻电路

一、电压与电流的相量关系

仅含线性电阻元件的交流电路如图 3-9（a）所示，令

$$i = \sqrt{2}I\sin(\omega t + \theta_i)$$

则根据欧姆定律可得电阻元件的电压

$$u = Ri = \sqrt{2}RI\sin(\omega t + \theta_i) = \sqrt{2}U\sin(\omega t + \theta_u)$$

即

$$U = RI, \quad \theta_u = \theta_i$$

可见纯电阻电路中正弦电压与电流的大小关系仍然满足欧姆定律，且电压与电流同相。将以上关系写成相量形式可得

$$\dot{U} = U\angle\theta_u = RI\angle\theta_i = R\dot{I}$$

即

$$\dot{U} = R\dot{I} \tag{3-17}$$

也可写作

$$\dot{I} = G\dot{U} \tag{3-18}$$

式（3-17）或式（3-18）称为线性电阻元件欧姆定律的相量形式。它既表达了电压与电流的有效值成正比的大小关系，又表达了电压与电流同相的相位关系。由此图3-9（a）所示的电路可用图3-9（b）所示的相量模型来代替，电阻电路中电压、电流的波形图和相量图则如图3-10所示。

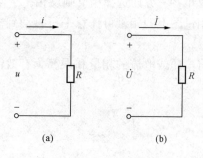

图3-9　纯电阻电路
(a) 交流电路；(b) 相量模型

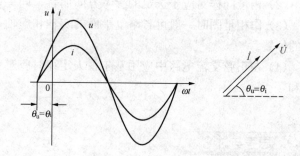

图3-10　纯电阻电路中电压、电流的波形图和相量图

二、功率

在正弦电阻电路中，由于电压、电流随时间变化，元件吸收的功率也随时间变化，这一随时间变化的功率称为瞬时功率，用小写字母 p 表示，于是在图3-9所示的关联参考方向下有

$$p = ui \tag{3-19}$$

将 u、i 的解析式（为简单起见令 $\theta_u = \theta_i = 0$）代入式（3-19）可得电阻元件的瞬时功率为

$$p = ui = \sqrt{2}U\sin\omega t \sqrt{2}I\sin\omega t = 2UI\sin^2\omega t = UI(1 - \cos 2\omega t) \tag{3-20}$$

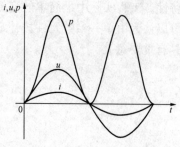

图3-11　电阻电路的功率曲线

由式（3-20）可知 $p \geq 0$，即电阻元件在任一时刻吸收的瞬时功率总是大于零的，这说明电阻是耗能元件，可作出其瞬时功率波形如图3-11所示。

由于不便于表示和比较大小，瞬时功率实用意义不大。工程中常用瞬时功率在一周期内的平均值表示电路的功率，称为平均功率。平均功率反映了电路实际消耗功率的情况，又称为有功功率，简称功率，用大写字母 P 表示，即

$$P = \frac{1}{T}\int_0^T p\,\mathrm{d}t \qquad (3-21)$$

将式（3-20）代入式（3-21）可得

$$P = \frac{1}{T}\int_0^T UI(1 - \cos 2\omega t)\,\mathrm{d}t$$

$$= UI = I^2 R = \frac{U^2}{R} = GU^2 \qquad (3-22)$$

可见正弦交流电路中电阻元件消耗的功率与直流电路中有相似的公式，但要注意式中 U、I 均为有效值。平时所讲 40W 灯泡、25W 电烙铁等中的 40W、25W 都是指有功功率。

任务二 纯电感电路

一、电压与电流的相量关系

在图 3-12（a）所示的正弦电感电路中，令

$$i = \sqrt{2} I \sin(\omega t + \theta_i)$$

则

$$u = L\frac{\mathrm{d}i}{\mathrm{d}t} = \sqrt{2}\omega L I \cos(\omega t + \theta_i)$$

$$= \sqrt{2}\omega L I \sin\left(\omega t + \theta_i + \frac{\pi}{2}\right)$$

即

$$U = \omega L I, \quad \theta_u = \theta_i + \frac{\pi}{2}$$

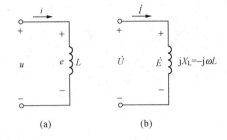

图 3-12 电感电路
(a) 电路；(b) 相量模型

可见电压与电流的有效值成正比且电压超前电流 π/2 弧度。

比值 $U/I = \omega L$ 具有电阻的量纲，且带有对抗电流通过的性质，可以反映电路中电感元件对电流的阻碍作用，将其定义为电感元件的感抗，用 X_L 表示，其 SI 主单位是 Ω。

于是有

$$U = X_L I, \quad \theta_u = \theta_i + \frac{\pi}{2} \qquad (3-23)$$

其中

$$X_L = \omega L \qquad (3-24)$$

式（3-24）表明，电感元件的感抗与电感参数 L 和角频率 ω 成正比，角频率越高，电感元件的感抗越大。对于直流，角频率为零，感抗也就为零，则 $U = X_L I = 0$，电感元件相当于短路，所以感抗只对正弦交流电有意义。

将以上关系写成相量形式，可得

$$\dot{U} = U\angle\theta_u = X_L I \angle\left(\theta_i + \frac{\pi}{2}\right) = I\angle\theta_i X_L \angle\frac{\pi}{2} = \mathrm{j}X_L \dot{I}$$

即

$$\dot{U} = \mathrm{j}X_L \dot{I} \qquad (3-25)$$

这就是纯电感电路中欧姆定律的相量形式。它既表达了电压与电流的有效值成正比的大小

关系，又表达了电压超前于电流 $\pi/2$ 的相位关系。由此图 3-12（a）所示的电路可用图 3-12（b）所示的相量模型来代替。作出电感电路中电压、电流的波形图和相量图如图 3-13 所示（设 $\theta_i=0$）。

二、功率

令 $\theta_i=0$，可得电感元件在图 3-12 所示的关联参考方向下吸收的瞬时功率为

$$p = ui = \sqrt{2}U\sin\left(\omega t+\frac{\pi}{2}\right)\sqrt{2}I\sin\omega t = 2UI\sin\omega t\cos\omega t = UI\sin2\omega t \qquad (3-26)$$

这表明电感元件的瞬时功率也是时间的正弦函数，其频率为电压或电流频率的两倍，画出曲线如图 3-14 所示。由图 3-14 可以看出，在第一、三个 $1/4$ 周期内，$p>0$，电感元件吸收电功率；在第二、四个 $1/4$ 周期内，$p<0$，电感元件提供电功率，且在一个周期内电感元件吸收和提供的电功率是相等的，因而它的平均功率（即有功功率）

$$P = \frac{1}{T}\int_0^T p\,\mathrm{d}t = \frac{1}{T}\int_0^T UI\sin2\omega t\,\mathrm{d}t = 0 \qquad (3-27)$$

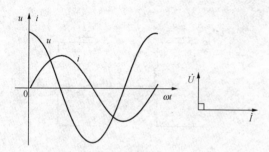

图 3-13　纯电感电路中电压、电流的波形和相量图　　　图 3-14　电感电路中的功率曲线

这说明电感元件并不消耗能量，但不断吸收和释放能量，在电路中起着能量"吞吐"的作用，即电感与外电路之间有能量交换。

为了表征电感元件与外部交换能量的规模，工程上把相位正交的电压与电流有效值的乘积即电感元件瞬时功率的最大值称为元件的无功功率，用 Q_L 表示，于是

$$Q_L = UI = I^2 X_L = \frac{U^2}{X_L} \qquad (3-28)$$

电感元件的无功功率反映了电感中磁场与电源之间交换能量的最大速率，所以"无功"的含义是交换而不消耗，绝非"无用"。注意无功功率和有功功率在物理意义上有本质的区别，符号和单位也不同，无功功率的 SI 主单位是 var（乏），工程上也常用 kvar（千乏）。

【例 3-6】　有一电感线圈接于 $u=220\sqrt{2}\sin(314t-45°)$V 的电源上，$L=1\mathrm{H}$。试求：

（1）电感上的电流 i（u、i 为关联方向）；

（2）电感上的无功功率 Q_L；

（3）若电源频率变为 500Hz，重求上述各项。

解：（1）$X_L=\omega L=314\times1=314$（Ω）

$$\dot{I} = \frac{\dot{U}}{\mathrm{j}X_L} = \frac{220\angle-45°}{\mathrm{j}314} = 0.70\angle-135°\text{（A）}$$

$$i = 0.70\sqrt{2}\sin(314t-135°)\text{（A）}$$

（2）$Q_L = UI = 220\times0.7 = 154$（var）

(3) $X'_L = \omega' L = 3140\Omega$, $\dot{I}' = \dfrac{\dot{U}}{jX'_L} = \dfrac{220\angle-45°}{j3140} = 0.07\angle-135° \,(A)$

$$i' = 0.07\sqrt{2}\sin(3140t - 135°)\,(A)$$

$$Q_L = UI = 220 \times 0.07 = 15.4 \,(var)$$

任务三　纯电容电路

一、电压与电流的相量关系

在图 3-15（a）所示的正弦电容电路中，令

$$u = \sqrt{2}U\sin(\omega t + \theta_u)$$

则

$$i = C\frac{du}{dt} = \sqrt{2}\omega CU\cos(\omega t + \theta_u)$$

$$= \sqrt{2}\omega CU\sin\left(\omega t + \theta_u + \frac{\pi}{2}\right)$$

即

$$I = \omega CU, \quad \theta_i = \theta_u + \frac{\pi}{2}$$

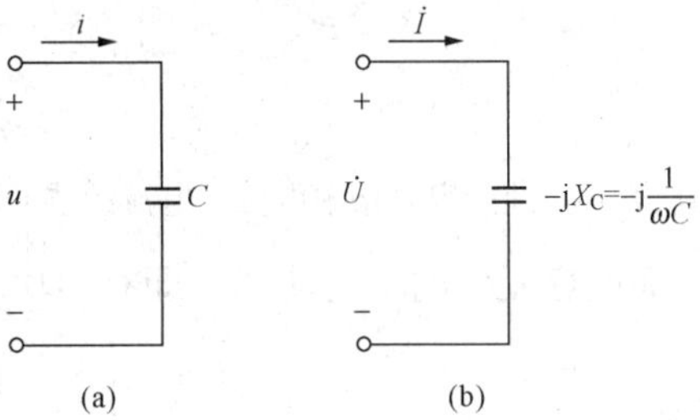

可见电流与电压的有效值成正比，且电流超前电压 $\pi/2$ 弧度。

图 3-15　电容电路
(a) 电路；(b) 相量模型

比值 $U/I = 1/\omega C$ 具有电阻的量纲，且带有对抗电流通过的性质，可以反映电路中电容元件对电流的阻碍作用，将其定义为电容元件的容抗，用 X_C 表示，SI 主单位是 Ω。

于是有

$$U = X_C I, \quad \theta_i = \theta_u + \frac{\pi}{2} \tag{3-29}$$

其中

$$X_C = \frac{1}{\omega C} \tag{3-30}$$

式（3-30）表明，电容的容抗与电容参数 C 和角频率 ω 成反比，角频率越低，电容元件的容抗越大。对于直流，角频率为零，容抗趋于无穷大，所以以电容元件相当于开路。

将以上关系写成相量形式可得

$$\dot{U} = U\angle\theta_u = X_C I\angle\left(\theta_i - \frac{\pi}{2}\right) = I\angle\theta_i X_C\angle-\frac{\pi}{2} = -jX_C\dot{I}$$

即

$$\dot{U} = -jX_C\dot{I} \tag{3-31}$$

式（3-31）称为纯电容电路欧姆定律的相量形式，它既表达了电路中电压与电流的有效值成正比的大小关系，又表达了电压滞后于电流 $\pi/2$ 的相位关系。由此图 3-15（a）所示的电路可用图 3-15（b）所示的相量模型来代替。作出电容电路中电压、电流的波形图和相量图如图 3-16 所示（设 $\theta_u = 0$）。

二、功率

令 $\theta_u = 0$，可计算电容电路吸收的瞬时功率为

$$p = ui = \sqrt{2}U\sin\omega t \sqrt{2}I\sin\left(\omega t + \frac{\pi}{2}\right) = UI\sin 2\omega t \qquad (3-32)$$

这表明和电感元件一样，电容元件的瞬时功率也是时间的正弦函数，其频率为电压或电流频率的两倍，画出功率曲线如图 3-17 所示。

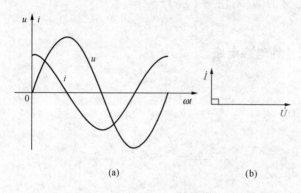

图 3-16　纯电容电路中电压、电流的波形图和相量图　　　图 3-17　电容中的功率曲线

　　而电容元件的平均功率（即有功功率）为

$$P = \frac{1}{T}\int_0^T p\,dt = \frac{1}{T}\int_0^T UI\sin 2\omega t\,dt = 0 \qquad (3-33)$$

即电容元件也不消耗能量，但与外电路之间有能量交换，是能够储存电场能量的储能元件。

　　为了反映电容元件与外电路互换能量的规模，并且与感性无功相区别，把其电压与电流有效值乘积的负值称为电容元件的无功功率，用 Q_C 表示，于是有

$$Q_C = -UI = -I^2 X_C = -\frac{U^2}{X_C} \qquad (3-34)$$

Q_C 的 SI 主单位也是 var（乏），工程上常用 kvar（千乏）。

　　【例 3-7】　把一个 100Ω 的电阻元件接到频率为 50Hz，电压有效值为 220V 的正弦电源上，试求：

　　（1）电流 $I=?$ 如保持电压有效值不变，而电源频率改变为 500Hz，这时电流将为多大？

　　（2）将 100Ω 的电阻元件改为容抗为 100Ω 的电容元件，重求上述问题。

　　解：（1）因为电压有效值不变，而电阻与频率无关，所以频率虽然改变但电流有效值不变。即

$$I = \frac{U}{R} = \frac{220}{100} = 2.2\ (A)$$

　　（2）电容元件的容抗和频率成反比，所以电源频率改变电流有效值也随之改变，即

　　$f=50\text{Hz}$ 时，$X_C=100\Omega$，有

$$I = \frac{U}{X_C} = \frac{220}{100} = 2.2\ (A)$$

　　$f'=500\text{Hz}=10f$ 时，$X_C' = \frac{1}{2\pi f'C} = \frac{1}{10\times 2\pi fC} = \frac{1}{10}X_C = \frac{100}{10} = 10\ (\Omega)$

$$I' = \frac{U}{X_C'} = \frac{220}{10} = 22\ (A)$$

　　最后，将几种单一参数的正弦交流电路比较归纳如表 3-1 所示。

表 3-1　　　　　　　　　　　　**单一参数正弦交流电路分析比较**

电路模型			
电路参数	电阻 R	电感 L	电容 C
电压与电流的关系　瞬时值	$u=iR$	$u=L\dfrac{\mathrm{d}i}{\mathrm{d}t}$	$i=C\dfrac{\mathrm{d}u}{\mathrm{d}t}$
电压与电流的关系　有效值	$U=RI$	$U=X_\mathrm{L}I$	$U=X_\mathrm{C}I$
电压与电流的关系　相位	电压与电流同相	电压超前于电流 90°	电压滞后于电流 90°
电阻或电抗	R	$X_\mathrm{L}=\omega L$	$X_\mathrm{C}=\dfrac{1}{\omega C}$
用相量表示电压与电流的关系　相量模型	$\dot U\ \dot I\ R$	$\dot U\ \dot I\ \mathrm{j}X_\mathrm{L}$	$\dot U\ \dot I\ -\mathrm{j}X_\mathrm{C}$
用相量表示电压与电流的关系　相量关系式	$\dot U=R\dot I$	$\dot U=\mathrm{j}X_\mathrm{L}\dot I$	$\dot U=-\mathrm{j}X_\mathrm{C}\dot I$
用相量表示电压与电流的关系　相量图	(相量图)	(相量图)	(相量图)
有功功率	$P=UI=I^2R$	$P=0$	$P=0$
无功功率	$Q=0$	$Q_\mathrm{L}=UI=I^2X_\mathrm{L}$	$Q_\mathrm{C}=-UI=-I^2X_\mathrm{C}$

思考与讨论

1. 判断下列各式的正误（元件电压、电流的参考方向关联）。

(1) $U_\mathrm{L}=\omega L I_\mathrm{L}$；

(2) $U_\mathrm{C}=I_\mathrm{C}\omega C$；

(3) $I_\mathrm{R}=u_\mathrm{R}/R$；

(4) $\dot I_\mathrm{L}=\dfrac{u_\mathrm{L}}{\mathrm{j}\omega L}$。

2. 图 3-18 所示 RL 串联电路中，若 $U_1=40\mathrm{V}$，$U_2=30\mathrm{V}$，则 U 为多少？作出各电压、电流相量图。

3. 将一个 $127\mu\mathrm{F}$ 的电容接到 $u=311\sin(314t+30°)\mathrm{V}$ 的电源上，求：

(1) 电容电流 $i(t)$；

(2) 无功功率 Q_C；

(3) 画出电压、电流的相量图。

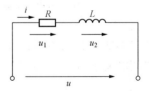

图 3-18　思考与讨论题 2 图

课题四　阻抗及其串并联

实际交流电路的电路模型一般都是由几种理想电路元件按一定方式连接而成，为更好地分析这种含有多种参数的正弦交流电路，本节引入阻抗（又称复阻抗）的概念，并应用阻抗的概念分析 RLC 串联电路，最后介绍阻抗的串并联。

一、阻抗和导纳

1. 阻抗（复阻抗）

在一个如图 3-19 所示的由线性电阻、电感及电容等元件组成的无源二端网络中，令端口电压、电流分别为

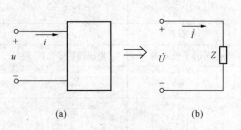

$$u = \sqrt{2}U\sin(\omega t + \theta_u)$$
$$i = \sqrt{2}I\sin(\omega t + \theta_i)$$

那么它们对应的相量为

$$\dot{U} = U\angle\theta_u$$
$$\dot{I} = I\angle\theta_i$$

图 3-19　无源二端网络的阻抗

将端口电压相量 $\dot{U}$ 与端口电流相量 $\dot{I}$ 的比值定义为该无源二端网络的阻抗，用大写字母 Z 表示，即

$$Z = \frac{\dot{U}}{\dot{I}} \tag{3-35}$$

于是有

$$Z = \frac{\dot{U}}{\dot{I}} = \frac{U\angle\theta_u}{I\angle\theta_i} = \frac{U}{I}\angle\theta_u - \theta_i = |Z|\angle\varphi \tag{3-36}$$

可见 Z 是电路的一个复数参数，故又称为复阻抗。

复数 Z 的模

$$|Z| = \frac{U}{I} \tag{3-37}$$

称为阻抗模，等于端口电压、电流的有效值之比。

其辐角

$$\varphi = \theta_u - \theta_i \tag{3-38}$$

称为阻抗角，等于电压超前于电流的相位差。

式（3-36）是阻抗 Z 的极坐标形式，也可将它用代数形式表示为

$$Z = R + jX \tag{3-39}$$

其中实部 R 称为电阻，虚部 X 称为电抗。显然，电阻 R、电抗 X 和阻抗模 $|Z|$、阻抗角 φ 之间的关系为

$$\left.\begin{array}{l} R = |Z|\cos\varphi \\ X = |Z|\sin\varphi \end{array}\right\} \tag{3-40}$$

或

$$\left.\begin{array}{l} |Z| = \sqrt{R^2 + X^2} \\ \varphi = \arctan\dfrac{X}{R} \end{array}\right\} \tag{3-41}$$

可见 $|Z|$、R、X 的大小符合直角三角形三条边的关系，如图 3-20 所示，一般称该直角三角形为阻抗三角形。Z、$|Z|$、R 和 X 的 SI 主单位都是 Ω，阻抗的图形符号与电阻相

似，如图 3-19（b）所示。这样，阻抗 Z 即是该无源二端网络的电路模型。

于是该无源二端网络电压与电流的相量关系可写作

$$\dot{U} = Z\dot{I} = |Z|I\angle\theta_i + \varphi \qquad (3-42)$$

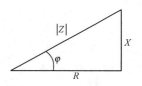

图 3-20 阻抗三角形

式（3-42）与直流电路的欧姆定律有对应的形式，称为正弦交流电路欧姆定律的相量形式。它既表达了端口电压与电流的大小关系 $U = |Z|I$，又表达了电压超前于电流一个阻抗角 φ。

2. 导纳

阻抗的倒数即网络端口电流相量 $\dot{I}$ 与端口电压相量 $\dot{U}$ 的比值又叫做该无源二端网络的导纳，用大写字母 Y 表示，记作

$$Y = \frac{1}{Z} = \frac{\dot{I}}{\dot{U}} = \frac{I}{U}\angle\theta_i - \theta_u = |Y|\angle\varphi' \qquad (3-43)$$

Y 也是电路的一个复数参数，故又称为复导纳。式（3-43）是导纳 Y 的极坐标表达式，还可用代数形式表达，即

$$Y = |Y|\angle\varphi' = G + jB \qquad (3-44)$$

其中实部 G 称为电导，虚部 B 称为电纳，$|Y|$ 称为导纳模，它们及 Y 的 SI 主单位都是 S（西门子）。φ' 称为导纳角。导纳的图形符号与阻抗相同，且也是无源二端网络的电路模型，那么正弦交流电路欧姆定律的相量形式还可表示为

$$\dot{I} = Y\dot{U} \qquad (3-45)$$

RLC 串联电路是一种典型的正弦交流电路，现利用阻抗的概念对其进行分析。

二、RLC 串联电路分析

1. RLC 串联电路的阻抗

如果无源二端网络内部为图 3-21 所示的 RLC 串联电路，由前面单一参数元件特性的分析可知

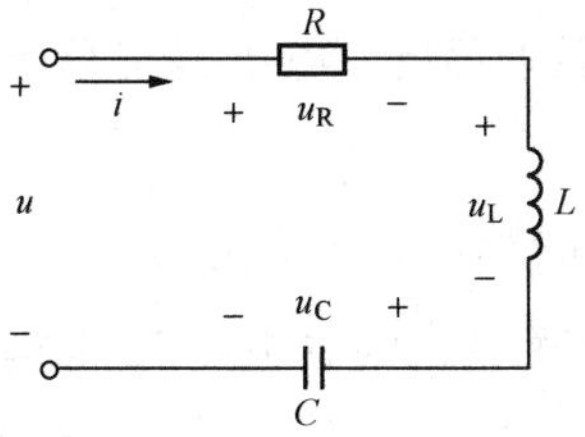

$$\dot{U}_R = R\dot{I}$$
$$\dot{U}_L = jX_L\dot{I}$$
$$\dot{U}_C = -jX_C\dot{I}$$
$$\dot{U} = \dot{U}_R + \dot{U}_L + \dot{U}_C = R\dot{I} + jX_L\dot{I} - jX_C\dot{I}$$
$$= \dot{I}[R + j(X_L - X_C)]$$

图 3-21 RLC 串联电路   则按式（3-35）的定义串联电路的阻抗为

$$Z = \frac{\dot{U}}{\dot{I}} = R + j(X_L - X_C) = R + jX = |Z|\angle\varphi \qquad (3-46)$$

由式（3-46）可知串联电路的电抗

$$X = X_L - X_C = \omega L - \frac{1}{\omega C} \qquad (3-47)$$

是感抗与容抗之差，这表明串联电路中感抗和容抗的作用互相补偿。

显然

$$
\left.\begin{array}{l}
|Z| = \sqrt{R^2 + X^2} = \sqrt{R^2 + (X_L - X_C)^2} \\
\varphi = \arctan \dfrac{X}{R} = \arctan \dfrac{(X_L - X_C)}{R} = \theta_u - \theta_i
\end{array}\right\} \tag{3-48}
$$

2. RLC 串联电路的三种性质

以电流为参考相量，可作出 RLC 串联电路在电抗参数 $X = X_L - X_C$ 有不同取值时的相量图如图 3-22 所示。

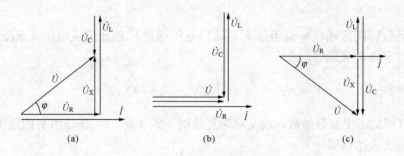

图 3-22 RLC 串联电路的相量图

(a) $X_L > X_C$；(b) $X_L = X_C$；(c) $X_L < X_C$

由相量图和式（3-48）分析可知，当电抗参数 X 取值不同时 RLC 串联电路呈现出三种不同的性质。

（1）当 $X_L > X_C$ 即 $X > 0$ 时，$\varphi = \theta_u - \theta_i > 0$，此时感抗的作用强于容抗，电压 $\dot{U}$ 超前于电流 $\dot{I}$，电路呈现出电感性。

（2）当 $X_L = X_C$ 即 $X = 0$ 时，$\varphi = \theta_u - \theta_i = 0$，此时感抗的作用和容抗相当，电压 $\dot{U}$ 与电流 $\dot{I}$ 同相，电路呈现出电阻性。这种状态称电路发生了谐振，电路谐振时有许多特殊现象，将在后面课题中专门讨论。

（3）当 $X_L < X_C$ 即 $X < 0$ 时，$\varphi = \theta_u - \theta_i < 0$，此时容抗的作用强于感抗，电压 $\dot{U}$ 滞后于电流 $\dot{I}$，电路呈现出电容性。

可见，当电源频率一定时，RLC 串联电路的性质由电路参数的相对大小决定。

此外，由相量图可知，电阻的电压 $\dot{U}_R$、电抗的电压 $\dot{U}_X$ 和串联电路的总电压 $\dot{U}$ 也构成一个直角三角形，称为电压三角形。显然，RLC 串联电路的电压三角形和阻抗三角形相似，需要时可利用其特殊的几何关系分析电路。

【例 3-8】 在图 3-21 所示 RLC 串联电路中，若 $R = 30\Omega$，$L = 254\text{mH}$，$C = 80\mu\text{F}$，$u = 220\sqrt{2}\sin 314t\text{V}$，试求：

（1）i、u_R、u_L、u_C。

（2）绘出各电压、电流的相量图并判断电路的性质。

思路分析： 已知电路参数和电压，欲求电流应先计算其复阻抗，再根据相量形式的欧姆定律求电流。

解：（1）先计算阻抗

$$Z = R + j(X_L - X_C) = 30 + j\left(314 \times 254 \times 10^{-3} - \frac{1}{314 \times 80 \times 10^{-6}}\right)$$

$$= 30 + j(80 - 40) = 30 + j40 = 50\angle 53.1° \ (\Omega)$$

$$\dot{I} = \frac{\dot{U}}{Z} = \frac{220\angle 0°}{50\angle 53.1°} = 4.4\angle -53.1° \ (A)$$

$$\dot{U}_R = R\dot{I} = 30 \times 4.4\angle -53.1° = 132\angle -53.1° \ (V)$$

$$\dot{U}_L = jX_L\dot{I} = j80 \times 4.4\angle -53.1° = 352\angle 36.9° \ (V)$$

$$\dot{U}_C = -jX_C\dot{I} = -j40 \times 4.4\angle -53.1° = 176\angle -143.1° \ (V)$$

所以它们的时间函数为

$$i = 4.4\sqrt{2}\sin(314t - 53.1°) \ (A)$$

$$u_R = 132\sqrt{2}\sin(314t - 53.1°) \ (V)$$

$$u_L = 352\sqrt{2}\sin(314t + 36.9°) \ (V)$$

$$u_C = 176\sqrt{2}\sin(314t - 143.1°) \ (V)$$

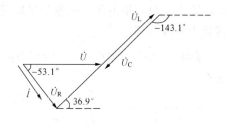

图 3-23 [例 3-8] 相量图

(2) 由于 $X = 40\Omega > 0$，$\varphi = 53.1° > 0$，故整个电路呈电感性。绘出相量图如图 3-23 所示。

【例 3-9】 已知某继电器的电阻为 2kΩ，电感为 43.3H，接于 380V 的工频交流电源上。试求：

(1) 通过线圈的电流大小。

(2) 电流与电源电压的相位差。

解： (1) $X = X_L = 2\pi fL = 2 \times 3.14 \times 50 \times 43.3 = 13\ 600 \ (\Omega)$

阻抗模 $\qquad |Z| = \sqrt{R^2 + X^2} = \sqrt{2000^2 + 13\ 600^2} = 13\ 700 \ (\Omega)$

故线圈中的电流大小 $I = \dfrac{U}{|Z|} = \dfrac{380}{13\ 700} = 27.7 \ (mA)$

(2) $\varphi = \arctan\dfrac{X}{R} = \arctan\dfrac{13\ 600}{2000} = 81.63°$

阻抗角即为电压与电流的相位差 $\varphi = \theta_u - \theta_i$，故电流滞后于电压 81.63°。

三、阻抗的串并联

正弦电路中的阻抗 Z 和直流电路中的电阻 R 是对应的，因而直流电路中的电阻串并联公式同样可扩展到正弦交流电路中，用于阻抗的串并联计算。

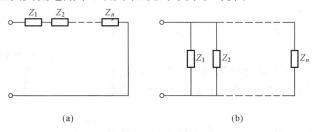

(a)　　　　　　　　　(b)

图 3-24 阻抗的串并联

(a) 串联时；(b) 并联时

如图 3-24（a）所示的多个阻抗串联时，其等效阻抗等于各阻抗之和，即

$$Z = Z_1 + Z_2 + Z_3 + \cdots = \sum_{i=1}^{n} Z_i \qquad (3-49)$$

如图 3-24（b）所示的多个阻抗并联时，其等效阻抗的倒数等于各阻抗倒数之和，即

$$\frac{1}{Z} = \frac{1}{Z_1} + \frac{1}{Z_2} + \frac{1}{Z_3} + \cdots = \sum_{i=1}^{n} \frac{1}{Z_i} \qquad (3-50)$$

当两个阻抗并联时，等效阻抗

$$Z = \frac{Z_1 Z_2}{Z_1 + Z_2} \qquad (3-51)$$

同样，直流电路中串联电路的分压公式和并联电路的分流公式也可应用于正弦电路的分析计算中，只需用电压、电流相量取代直流电路中的电压、电流，阻抗取代电阻，实数运算转化为复数运算即可。

【例 3-10】 如图 3-25 所示电路中，$\dot{U} = 100\angle -30°\text{V}$，$R = 3\Omega$，$X_L = 4\Omega$，$X_C = 8\Omega$，试求：

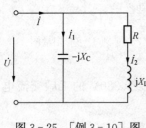

图 3-25　[例 3-10] 图

(1) 电路的总阻抗 Z；

(2) 电流 $\dot{I}_1$、$\dot{I}_2$ 和 $\dot{I}$。

解：(1) $Z_1 = -\mathrm{j}X_C = -\mathrm{j}8\Omega$

$$Z_2 = R + \mathrm{j}X_L = 3 + \mathrm{j}4 = 5\angle 53.1° \ (\Omega)$$

$$Z = \frac{Z_1 Z_2}{Z_1 + Z_2} = \frac{-\mathrm{j}8 \times 5\angle 53.1°}{-\mathrm{j}8 + 3 + \mathrm{j}4} = 8\angle 16.2° \ (\Omega)$$

(2) $\dot{I} = \dfrac{\dot{U}}{Z} = \dfrac{100\angle -30°}{8\angle 16.2°} = 12.5\angle -46.2° \ (\text{A})$

$$\dot{I}_1 = \dot{I}\frac{Z_2}{Z_1 + Z_2} = 12.5\angle -46.2° \times \frac{5\angle 53.1°}{3 - \mathrm{j}4} = 12.5\angle 60° \ (\text{A})$$

$$\dot{I}_2 = \dot{I}\frac{Z_1}{Z_1 + Z_2} = 12.5\angle -46.2° \times \frac{-\mathrm{j}8}{3 - \mathrm{j}4} = 20\angle -83.1° \ (\text{A})$$

最后强调以下两点。

(1) 阻抗、导纳是复数形式的电路参数，但它们不代表正弦量，所以用不带点的大写字母 Z 和 Y 表示，应注意和相量区别。

(2) 利用相量图分析交流电路有时比较直观、简捷，画相量图时应恰当选择参考相量。

思考与讨论

1. 内部仅含单个元件 R、L 或 C 的无源二端网络对应的阻抗分别是什么？

2. 如图 3-26 所示正弦交流电路中，$X_L = X_C = R$，电流表 PA3 的读数为 5A，试问 PA1、PA2 的读数各为多少？

3. 如果有 n 个阻抗相串联，则其等效阻抗的模为 $|Z| = |Z_1| + |Z_2| + \cdots + |Z_n|$ 是否一定正确？

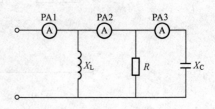

图 3-26　思考与讨论题 2 图

课题五　提高正弦交流电路的功率因数

在前面章节中已分析过单一参数元件在正弦交流电路中的功率，本节以正弦交流电路中的一个无源二端网络为对象，讨论正弦交流电路中功率的一般情况。首先建立一般正弦交流电路功率的概念，然后分析如何提高交流电路的功率因数。

一、瞬时功率

令图 3‐27（a）所示无源二端网络的电压与电流分别为

$$i = \sqrt{2}I\sin\omega t$$

$$u = \sqrt{2}U\sin(\omega t + \varphi) \tag{3-52}$$

式中：φ 为该无源二端网络等效阻抗的阻抗角，也等于电压超前于电流的相位差，如图 3‐27（b）所示。

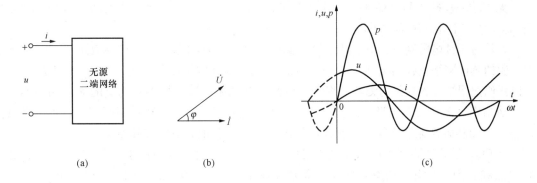

图 3‐27　无源二端网络的瞬时功率

(a) 无源二端网络；(b) 相量图；(c) 各变量波形图

则该二端网络吸收的瞬时功率为

$$
\begin{aligned}
p = ui &= \sqrt{2}U\sin(\omega t + \varphi)\,\sqrt{2}I\sin\omega t \\
&= UI[\cos\varphi - \cos(2\omega t + \varphi)] \\
&= UI\cos\varphi(1 - \cos2\omega t) + UI\sin\varphi\sin2\omega t
\end{aligned}
\tag{3-53}
$$

作出其波形如图 3‐27（c）所示，可见瞬时功率正负交替，这说明该二端网络与外电路之间有能量的往返交换，这是由于网络内含有储能元件的缘故；此外在一个周期内 $p>0$ 的部分大于 $p<0$ 的部分，说明该二端网络总体上仍从外电路吸收功率，表明网络内有耗能的电阻元件。

二、有功功率、无功功率、视在功率

1. 有功功率

瞬时功率在一个周期内的平均值表明了二端网络从外部吸收（或消耗）能量的平均速率，称之为网络的有功功率，由其数学定义式 $P = \dfrac{1}{T}\displaystyle\int_0^T p\,\mathrm{d}t$ 可得

$$P = \frac{1}{T}\int_0^T UI[\cos\varphi - \cos(2\omega t + \varphi)]\mathrm{d}t = UI\cos\varphi = UI\lambda \tag{3-54}$$

可见 $\cos\varphi$ 的大小和二端网络的有功功率相关，称之为网络的功率因数，用 λ 表示，即

$$\lambda = \cos\varphi \tag{3-55}$$

故正弦电路中无源二端网络的有功功率一般并不等于电压电流有效值的乘积，它还与功率因数有关，只有当 $\lambda=\cos\varphi=1$ 时，$P=UI$。

根据能量守恒定律，网络吸收的有功功率等于各元件吸收的有功功率之和。由于电感元件和电容元件均不消耗有功功率，所以无源二端网络吸收的有功功率实际上就是网络内各电阻元件吸收（或消耗）的有功功率之和。

有功功率的 SI 单位为 W（瓦），工程上也常用 kW（千瓦）。

2. 无功功率

如前所述，网络除消耗能量外还与外电路之间有能量的往返交换，为衡量交换能量的规模，定义网络与外电路交换能量的最大速率叫做网络吸收的无功功率，用大写字母 Q 表示。按此定义可得无源二端网络无功功率的数学表达式为

$$Q = UI\sin\varphi \tag{3-56}$$

无功功率反映了具有储能元件的网络与其外部交换能量的规模，"无功"意味着"交换而不消耗"，不能理解为"无用"。

显然对于纯电阻网络，由于其中没有储能元件，吸收的无功功率 $Q=UI\sin\varphi=0$，而不含独立源的感性网络吸收的无功功率 $Q=UI\sin\varphi>0$，容性网络吸收的无功功率 $Q=UI\sin\varphi<0$。所以我们把网络吸收的正的无功功率称为感性无功功率，反之把吸收的负的无功功率称为容性无功功率。无功功率的吸收或发出，习惯上都是相对于感性无功功率而言的，正负号只代表感性无功和容性无功之间相互补偿的性质，并没有其他方面的实际意义。

同理，无源二端网络吸收的无功功率实际上就是网络内各储能元件吸收的无功功率的代数和。为了与有功功率相区别，无功功率的 SI 单位为 var（乏），工程上也常用 kvar（千乏）。

3. 视在功率

定义无源二端网络端口电压、端口电流有效值的乘积为视在功率，用大写字母 S 表示，即

$$S = UI \tag{3-57}$$

视在功率具有功率的形式，看似功率，但既不代表"消耗"又不代表"交换"的实际意义，为区别于有功和无功功率，视在功率的 SI 单位为 VA（伏安），工程上也常用 kVA（千伏安）。

电力工程中，电机、变压器等一些常用电气设备都是按照额定电压、额定电流设计和使用的，用视在功率表示设备的容量比较方便，通常说电机和变压器的容量就是指它们的视在功率。

引入视在功率后，有功功率可表示为

$$P = UI\cos\varphi = S\cos\varphi \tag{3-58}$$

无功功率可表示为

$$Q = UI\sin\varphi = S\sin\varphi \tag{3-59}$$

可见，视在功率、有功功率与无功功率间，满足下列关系式

$$S = \sqrt{P^2 + Q^2} \tag{3-60}$$

$$\tan\varphi = \frac{Q}{P} \qquad (3-61)$$

$$\lambda = \cos\varphi = \frac{P}{S} \qquad (3-62)$$

即视在功率、有功功率与无功功率也构成一个直角三角形（如图3-28所示），称为功率三角形。功率三角形与对应的电压三角形和阻抗三角形是相似三角形。

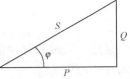

图3-28 功率三角形

【例3-11】 一只60W的白炽灯和一只40W的日光灯并接在$U=220$V的工频电源上，日光灯的功率因数为0.5，试求：

(1) 整个电路总的P、Q、S。

(2) 线路的功率因数λ。

思路分析： 白炽灯是纯阻性负载，只消耗有功功率，吸收的无功功率为零；日光灯则是感性负载，既消耗有功功率又吸收感性无功功率。整个电路吸收的有功功率等于各元件吸收的有功功率之和，无功功率则为日光灯吸收的感性无功。

解： (1) $P = P_B + P_R = 60 + 40 = 100$ （W）

因为
$$\cos\varphi_R = 0.5$$
$$\varphi_R = 60°$$

则日光灯的无功功率为
$$Q_R = P_R \tan\varphi_R = 40 \times \tan60° = 40\sqrt{3} \text{ （var）}$$

所以
$$Q = Q_R = 40\sqrt{3} \text{ （var）}$$

电路总的视在功率 $\quad S = \sqrt{P^2 + Q^2} = \sqrt{100^2 + (40\sqrt{3})^2} = 121$ （VA）

(2) 线路的功率因数 $\quad \lambda = \cos\varphi = \frac{P}{S} = \frac{100}{121} = 0.83$

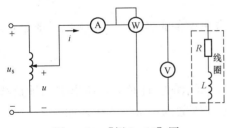

图3-29 ［例3-12］图

【例3-12】 图3-29所示电路可用于实测线圈的参数R和L。已测得电压表、电流表和功率表的读数分别为100V、2A和120W，电源的频率为50Hz，试求R和L。

思路分析： 一般情况交流电路中电压表、电流表测得的数据都是有效值，功率表测得的是电路的有功功率即线圈中的电阻消耗的功率。

解： 线圈的电阻 $\quad R = \frac{P}{I^2} = \frac{120}{2^2} = 30$ （Ω）

线圈的阻抗模 $\quad |Z| = \frac{U}{I} = \frac{100}{2} = 50$ （Ω）

所以 $\quad X_L = \sqrt{|Z|^2 - R^2} = \sqrt{50^2 - 30^2} = 40$ （Ω）

故 $\quad L = \frac{X_L}{\omega} = \frac{40}{2\pi \times 50} = 0.127$ （H）

三、功率因数

1. 功率因数的定义

由前述可知功率因数$\lambda = \cos\varphi$，其中φ为无源二端网络等效阻抗的阻抗角，也等于网络

中端口电压超前于电流的相位差，又称为功率因数角，故网络的功率因数又可写为

$$\lambda = \cos\varphi = \frac{P}{S} = \frac{R}{|Z|} \tag{3-63}$$

显然 $\lambda = \cos\varphi \leqslant 1$，是一个无量纲、无单位的纯数，当电源频率一定时，功率因数由网络本身的参数决定。

2. 提高功率因数的意义

实际电力电路中，电阻负载的功率因数 $\lambda = \cos\varphi \approx 1$，但电阻负载只占实际电力负载的一小部分，大部分实际电力负载如变压器、异步电动机等都是感性的，其功率因数一般在 $0.7 \sim 0.85$ 左右，其他如日光灯（$\lambda \approx 0.3 \sim 0.5$）、感应加热装置等，也都是功率因数较低的负载。

负载的功率因数 $\lambda < 1$，表明它的有功功率 $P < S$，意味着它从电源接收的能量中有一部分是交换而非消耗的，并且功率因数越低，意味着交换部分的能量即无功所占比例越大。

而负载的功率因数低，对电力系统十分不利，主要表现在以下两方面。

（1）负载的功率因数过低，会使电源设备的额定容量不能充分利用。例如一台额定容量为 100kVA 的变压器在额定电压、额定电流下运行，当负载的 $\lambda = \cos\varphi = 1$ 时，它传输的有功功率为 100kW，容量得到充分利用；而负载的 $\lambda = \cos\varphi = 0.8$ 时，它传输的有功功率降低为 80kW，容量的利用率降低了；当负载的 $\lambda = \cos\varphi = 0.5$ 时，传输的有功功率就降低为 50kW，容量的利用率降得更低。

（2）负载的功率因数过低，会造成线路上的能量损耗和电压降落过大。由于 $I = \frac{P}{U\cos\varphi}$，所以在一定电压下向负载输送一定的有功功率时，负载的功率因数越低，输电线路的电流就会越大，引起线路上的能量损耗和导线阻抗上的电压降落也越大。这不但浪费了能源，而且容易导致用电设备因电压不足而不能正常工作。

所以只有提高电路的功率因数，才能充分利用电源设备的容量，减少输电的能量损耗，改善供电的电压质量，在电力系统中具有重要意义。

3. 提高功率因数的方法

实际电力系统中大部分负载都是如图 3-30（a）所示的感性负载，所以在感性负载两端并联容性设备（电容器、同步补偿机等）是提高功率因数的最常见方法，如图 3-30（b）所示。

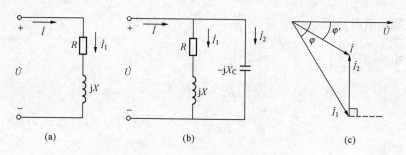

图 3-30 功率因数的提高

（a）感性负载；（b）并联电容；（c）相量图

　　这是因为要使感性负载正常运行，必须供应它们建立磁场所需的能量，即电源要向负载提供感性无功。若在感性负载两端并联容性设备，则它们之间可就地进行一部分能量交换，就能减少电源与负载之间的能量交换，即减少电源供应的无功功率，故电源容量中无功所占比例减少，整个电路的功率因数得到提高。

　　画出电路的相量图如图 3 - 30（c）所示，可见在未并电容 C 时，线路电流 $\dot I$ 等于负载电流 $\dot I_1$，此时功率因数为 $\cos\varphi$，并联电容后，线路端口电流 $\dot I=\dot I_1+\dot I_2$，功率因数角（端口电压和端口电流的相位差）变为 φ'，因为 $\varphi'<\varphi$，所以 $\cos\varphi'>\cos\varphi$，线路的功率因数得到提高。

　　在工程实际中要提高功率因数时，可直接采用式（3 - 64）对所需并联的电容容量进行计算

$$C=\frac{P}{\omega U^2}(\tan\varphi-\tan\varphi') \tag{3-64}$$

　　式（3 - 64）中 P 为负载消耗的有功功率，φ 和 φ' 分别是负载并联电容前后网络的阻抗角。

　　【例 3 - 13】　现有一盏 40W 的日光灯，使用时灯管与镇流器（灯管工作时属于纯电阻负载，镇流器可近似看作纯电感）串联在电压为 220V 的工频电源上。已知灯管两端的电压等于 110V，试求：

　　(1) 这时电路的功率因数等于多少？

　　(2) 若将功率因数提高到 0.8，问应并联多大的电容？

　　思路分析：除按定义式计算电路的功率因数外，还应充分理解功率因数角就等于阻抗角，也等于端口电压与电流的相位差，灵活应用阻抗三角形、电压三角形和功率三角形的相似性求解。

　　解：(1) 作出日光灯的电路模型及其阻抗三角形和电压三角形如图 3 - 31 所示。

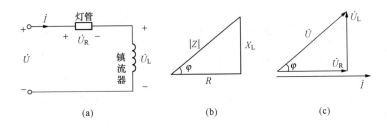

图 3 - 31　[例 3 - 13] 图
(a) 电路模型；(b) 阻抗三角形；(c) 电压三角形

　　因为阻抗三角形和电压三角形是相似三角形，所以

$$\lambda=\cos\varphi=\frac{R}{|Z|}=\frac{U_R}{U}=\frac{110}{220}=0.5$$

　　(2) 因为 $\cos\varphi=0.5$，所以 $\varphi=60°\to\tan\varphi=\sqrt3$

　　又 $\cos\varphi'=0.8$，所以 $\varphi'=36.9°\to\tan\varphi'=3/4$

故

$$C=\frac{P}{\omega U^2}(\tan\varphi-\tan\varphi')=\frac{40}{314\times220^2}\times\left(\sqrt3-\frac{3}{4}\right)=2.58\ (\mu F)$$

最后，强调以下几点注意事项。

（1）求电路的 P、Q、λ 等既可按定义式计算，也可据其物理实质计算，注意根据条件灵活应用。

（2）充分理解在感性负载两端并联容性设备提高功率因数的实质是容性无功补偿，补偿前后负载的端电压和有功功率不变，而线路总电流、无功功率和功率因数改变。

思考与讨论

1. 有一电感线圈的电阻 $R=4\Omega$，$L=25.5\mathrm{mH}$，接在 220V、50Hz 的交流电源上，则通过线圈的电流为_____，电路的功率因数为_____。

2. 在 RLC 串联电路中，电路的总电压为 U、总阻抗为 Z、总有功功率为 P、总无功功率为 Q、总视在功率为 S，总功率因数为 $\cos\varphi$，则下列表达式中正确的是_____。

A. $P=U^2/|Z|$　　　　　　　B. $P=S\cos\varphi$　　　　　　　C. $S=P+Q$

课题六　电 路 的 谐 振

谐振是正弦交流电路在一定条件下发生的一种特殊现象，因其良好的选频特性在无线电领域和工业电子技术中得到广泛应用。但另一方面对电力系统而言，由于谐振时电路中会产生高电压、大电流破坏系统的正常工作状态而应加以避免，所以研究谐振现象对于我们充分利用谐振，防止它可能造成的危害具有重要的现实意义。

一、谐振的概念

当含有电感和电容的无源二端网络的等效阻抗（或导纳）的虚部为零时，就会出现端口电压与电流同相的现象，整个电路呈电阻性，这时就称电路发生了谐振。

根据不同的电路连接型式谐振分为串联谐振和并联谐振两种，串联谐振电路应用于信号源内阻较小的情况，而并联谐振电路则在有高内阻信号源的条件下适用。

下面以串联谐振为例讨论谐振电路的特性。

二、串联谐振的条件和谐振频率

1. 串联谐振的条件

按上述谐振的定义，在图 3-32 所示的 RLC 串联的正弦电路中，阻抗

$$Z=R+\mathrm{j}X=R+\mathrm{j}\,(X_\mathrm{L}-X_\mathrm{C})$$

当虚部 $X=0$ 时电路发生谐振，即

$$X=X_\mathrm{L}-X_\mathrm{C}=0 \quad 或 \quad X_\mathrm{L}=X_\mathrm{C}$$

也可写作

$$\omega L = \frac{1}{\omega C} \tag{3-65}$$

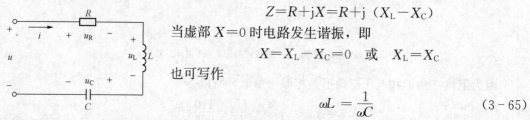

图 3-32　RLC 串联电路　　　式（3-65）即为串联谐振的条件。

要实现谐振，在电路参数 L 或 C 固定时，可调节电源频率 ω，或者在电源频率 ω 固定时调节电路参数使谐振条件满足。

2. 谐振频率

谐振时电路的角频率用 ω_0 表示，由式（3-65）可得发生谐振时的角频率为

$$\omega_0 = \frac{1}{\sqrt{LC}} \tag{3-66}$$

谐振频率用 f_0 表示，则

$$f_0 = \frac{1}{2\pi\sqrt{LC}} \tag{3-67}$$

可见当电路参数 L、C 一定时，f_0 为一定值，所以 f_0 又称为电路的固有频率。

三、特性阻抗和品质因数

由谐振角频率 $\omega_0 = 1/\sqrt{LC}$ 可得谐振时 RLC 串联电路的感抗 X_{L0}（或容抗 X_{C0}）的值为

$$X_{L0} = \omega_0 L = \sqrt{\frac{L}{C}} \left(X_{C0} = \frac{1}{\omega_0 C} = \sqrt{\frac{L}{C}} \right)$$

即谐振时的感抗或容抗是一个只与电路参数有关而与频率无关的常量，称为串联谐振电路的特性阻抗，用 ρ 表示，即

$$\rho = \omega_0 L = \frac{1}{\omega_0 C} = \sqrt{\frac{L}{C}} \tag{3-68}$$

显然特性阻抗 ρ 的 SI 主单位为 Ω。

定义电路在谐振状态下的抗阻比即谐振电路的特性阻抗 ρ 与电阻 R 的比值为电路的品质因数，用大写字母 Q 来表示，可得

$$Q = \frac{\rho}{R} = \frac{\omega_0 L}{R} = \frac{1}{\omega_0 RC} = \frac{1}{R}\sqrt{\frac{L}{C}} \tag{3-69}$$

品质因数 Q 是一个由电路参数 R、L、C 决定的量纲为 1 的量，工程上也称 Q 值。谐振电路的特性可通过 Q 值来反映，工程中实用的谐振电路 Q 值常常在 $50 \sim 200$ 之间。

四、串联谐振的特征

（1）阻抗最小，电流最大。谐振时，由于电抗 $X=0$，则阻抗模 $|Z| = \sqrt{R^2 + X^2} = R$ 最小，端口电压 U 为恒定值时，电流 $I = U/|Z| = U/R$，因此谐振时端口电流达极大值，称为谐振电流。

（2）外施电压全部降落在电阻 R 两端，即 $\dot{U} = \dot{U}_R$，$\dot{U}$、$\dot{I}$ 同相，整个电路呈电阻性。

由于谐振时 $X_L = X_C$，而 $\dot{U}_L = jX_L\dot{I}$，$\dot{U}_C = -jX_C\dot{I}$，所以 $\dot{U}_L = -\dot{U}_C$，故 $\dot{U} = \dot{U}_R + \dot{U}_L + \dot{U}_C = \dot{U}_R$。串联谐振电路的相量图如图 3-33 所示。

（3）谐振时电感和电容的端电压可能大大超过外施电压，故串联谐振又称为电压谐振。

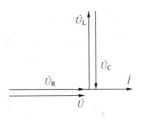

图 3-33　串联谐振相量图

$$\left. \begin{array}{l} U_{L0} = \omega_0 L I = \dfrac{\rho}{R} U = QU \\[2mm] U_{C0} = \dfrac{1}{\omega_0 C} I = \dfrac{\rho}{R} U = QU \end{array} \right\} \tag{3-70}$$

式（3-70）表明谐振时电感或电容的端电压是外施电压的 Q 倍。由于电路的 Q 值通常在 $50 \sim 200$ 之间，致使谐振时电感和电容两端出现大大超过电源电压的过电压，造成电气设备损害，所以在电力系统中应避免谐振现象的发生，但在无线电领域却常常利用谐振来放大微弱信号。

【例 3-14】 图 3-32 所示电路当端口电压 u 的频率为 79.6kHz 时发生谐振，已知 $L=20\text{mH}$，$R=100\Omega$，试求：

(1) 电容 C、特性阻抗 ρ 和品质因数 Q；

(2) 当 $U=100\text{V}$，谐振时的 U_{L0} 和 U_{C0} 值。

解： (1) 由 $f_0=\dfrac{1}{2\pi\sqrt{LC}}$ 可得

$$C=\frac{1}{(2\pi f_0)^2 L}=\frac{1}{(2\pi\times 79.6\times 10^3)^2\times 20\times 10^{-3}}=200\ (\text{pF})$$

特性阻抗　　　　$\rho=\sqrt{\dfrac{L}{C}}=\sqrt{\dfrac{20\times 10^{-3}}{200\times 10^{-12}}}=10\ 000\ (\Omega)$

品质因数　　　　$Q=\dfrac{\rho}{R}=\dfrac{10\ 000}{100}=100$

(2) $U_{L0}=U_{C0}=QU=100\times 100=10\ 000\ (\text{V})$

思考与讨论

1. RLC 串联电路的谐振条件是_____，其谐振频率 $f_0=$_____。串联谐振时，_____达到最大值。

2. 在 RLC 串联电路中，$L=0.05\text{mH}$，$C=200\text{pF}$，品质因数 $Q=100$，交流电压的有效值 $U=220\text{V}$。试求：

(1) 电路的谐振频率 f_0。

(2) 谐振时电路中的电流 I。

(3) 电容上的电压 U_C。

技能训练（一）　单相调压器的使用

一、训练目的

(1) 熟悉实验室工频电源的配置。

(2) 学会使用交流电流表、电压表和万用表交流挡。

(3) 学习使用单相调压器，熟悉单相调压器的接线方法。

(4) 验证基尔霍夫定律的相量形式，加深对相量和的理解。

二、实训设备与仪器

(1) 单相调压器，1 台。

(2) 交流电压表、交流电流表、万用表，各 1 只。

(3) 电阻、电容，各 1 只。

(4) 导线，若干。

(5) 试电笔，1 只。

三、实训原理与说明

1. 单相调压器

实验室内工频正弦电源的电压通常有 380V 和 220V 两种。在需要有效值可以调节的工频正弦电压时，要用到单相调压器。

单相调压器实际上是一种自耦变压器。它的外形和原理电路分别如图3-34（a）和（b）所示。使用时，由调压器的U1U2端输入有效值为220V的工频正弦电压，而输出电压则从u1u2引出。

使用单相调压器时必须注意以下几点。

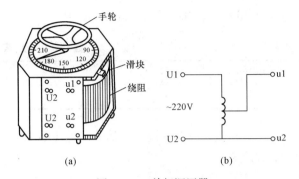

（a）

（b）

图3-34 单相调压器

（a）单相调压器外形图；（b）单相调压器原理图

（1）市电电源必须接至调压器的输入端U1U2，并且与输入端标明的电压值相符，不能接错。

（2）为了安全，电源的中性线（地线）应接至输入与输出的公共端。

（3）工作电流不得超过额定值。

（4）使用调压器时，输出电压应从零逐渐增加，调至所需值。

（5）调压器输出电压的大小，应由实验室较准确的电压表进行测量。手轮刻度盘上的指示值只能作为参考。

2. 交流电流表和交流电压表的使用

表面标记有"～"符号的电流表和电压表是交流电流表和电压表。用它们来测量正弦量，分别指示被测电流、电压的有效值，仪表接线无需考虑极性。使用时，电流表要串联在电路中，电压表要并联在电路中。

四、训练内容与操作步骤

1. 熟悉实验室工频电源的配置

用试电笔测量配电板上的各接线柱和插座各插孔，判别相线和中性线。

2. 初步认识单相调压器

（1）按图3-35（a）所示电路接线。

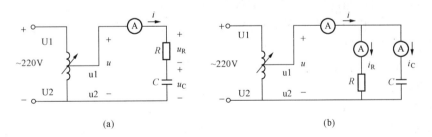

（a）

（b）

图3-35 实验电路

经检查接线无误后，接通电源，调整调压器的输出电压 U 为150V并保持不变，测量 U_R、U_C 和 I 并记录在表3-2中。

表3-2   数 据 记 录 表 一

U/V	U_R/V	U_C/V	I/A

（2）按图 3-35（b）所示电路接线，调节调压器的输出电压，使电流表 I 的读数为 0.5A，测量 U、I_R 和 I_C 并记入表 3-3 中。

表 3-3   数 据 记 录 表 二

U/V	I/A	I_R/A	I_C/A

（3）时间允许可改变调压器的输出电压 U 和电流表的读数 I 重复步骤（1）、（2）并将测量值记录下来。

五、注意事项

（1）注意有电容的电路断开电源后，应先用导线使电容短接放电，然后再拆线或改接线。

（2）注意正确切换仪表量程，且切换量程应在断开电源的情况下进行。

（3）单相调压器在接线时，其输入、输出端切不可对调，否则会烧坏调压器，或出现高压危险；接通电源前手轮应预置在输出电压为零的位置；使用完毕后，也要先把手轮调回输出电压为零的位置，然后再断开电源。

（4）试电笔不能用来测量高电压，否则将造成人身安全。

六、报告与结论

表 3-2 和表 3-3 中实验数据满足 $U=U_R+U_C$、$I=I_R+I_C$ 吗？为什么？请在报告中分析说明并得出结论。

技能训练（二） 提高感性负载的功率因数

一、训练目的

（1）练习使用功率表和功率因数表。

（2）学习荧光灯电路的接线，并了解各元件的作用。

（3）通过实际操作理解掌握提高感性负载电路功率因数的方法。

二、实训设备与仪器

（1）单相功率表，1 只。

（2）功率因数表，1 只。

（3）万用表，1 只。

（4）交流电流表，1 只。

（5）电容箱，1 只。

（6）荧光灯实验板，1 块。

三、实训原理与说明

1. 荧光灯电路的组成

荧光灯电路由灯管、镇流器和启辉器三部分组成，其电路如图 3-36 所示。

玻璃灯管内壁上涂有一层荧光粉，管内充有少量水银蒸气和惰性气体，两端装有受热易发射电子的灯丝。

启辉器内有一个充有氖气的玻璃泡，并装有两个电极，其中一个由受热易弯曲的双金属片制成。

镇流器是一个铁芯线圈，相当于感性负载。

2. 荧光灯的工作原理

刚接通电源时，由于灯管没有点燃，启辉器的两电极间因承受 220V 的电压而辉光放电，使金属片受热弯曲，两电极接触，电流通过镇流器、灯管两端的灯丝及启辉器构成回路。灯丝因有电流（称启辉电流）通过被

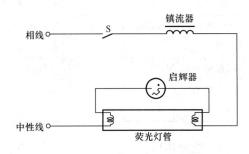

图 3 - 36 荧光灯电路

加热而发射电子。同时启辉器的两个电极接触后，辉光放电结束，双金属片变冷又恢复原状，使电路突然断开。在此瞬间，镇流器产生较高电动势与电源电压一起（400～600V）加在灯管两极之间，迫使灯管放电而发光。灯管点燃后，由于镇流器的限流作用，使灯管两端的电压较低（90V 左右）因启辉器与灯管并联，较低的电压不能够使启辉器再次动作。

3. 提高感性负载电路的功率因数

荧光灯电路可等效为电阻与电感的串联（即感性负载），整个电路的功率因数较低，约为 0.5。若将适当容量的电容器并联于感性负载两端，可以提高电路的功率因数。

四、训练内容与操作步骤

（1）按图 3 - 37 所示实验电路接线，开关 S1、S2、S3 置于断开位置，$C_1 = 1\mu F$，$C_2 = 2 \sim 10\mu F$。C_1、C_2 视所接灯管大小而变，如用 8W 灯管，C_2 可用 $2\mu F$；如用 20W 灯管，C_2 的范围在 $3 \sim 8\mu F$ 之间。

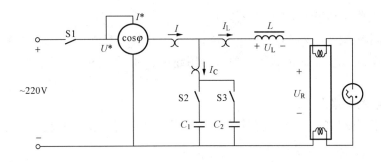

图 3 - 37 提高感性负载功率因数的实验电路图

（2）检查无误后接入 220V 电源，闭合 S1，荧光灯发光，读出电流数值 I、I_L、I_C 并记录在表 3 - 4 中，然后用万用表测量输入电压 U、镇流器端电压 U_L、灯管两端电压 U_R 及 $\cos\varphi$ 值，也记入表 3 - 4 中。

（3）分别测量 S2、S3 在不同组合状态下的 I、I_L、I_C 及 U、U_L、U_R 及 $\cos\varphi$ 值，记录在表 3 - 4 的相应栏中。

（4）切断电源，将功率因数表换成功率表（接法同功率因数表），闭合 S1 后使荧光灯亮，重复（2）、（3）步骤，将功率表数值记录在表 3 - 4 中。

表 3-4 实 验 数 据 表

开关状态	I/mA	I_L/mA	I_C/mA	U/V	U_L/V	U_R/V	$\cos\varphi$	电路性质	P/W
S2、S3 断开									
S2 合 S3 断									
S2 断 S3 合									
S2、S3 合									

五、注意事项

（1）认真检查实验电路，镇流器规格应与荧光灯管规格相符。特别注意接线时别把镇流器短接，以免烧毁荧光灯管。

（2）功率表的电压、电流线圈接线应符合要求，且应正确选择量程。

六、报告与结论

（1）根据所测数据，计算荧光灯镇流器的电感。

（2）由实验数据分析说明并联电容器与提高功率因数的关系。

本 章 小 结

一、正弦量的基本概念

（1）正弦量的三要素包括幅值、角频率 $\left(\omega=\dfrac{2\pi}{T}=2\pi f\right)$ 和初相（位）θ。幅值反映了正弦量交变的最大幅度，角频率 ω 反映了正弦量随时间交变的快慢，初相（位）θ 反映了正弦量变化的初始状态，且初相和计时起点的选择有关。

（2）有效值是与周期量在热效应方面相当的直流量的大小，等于周期量的方均根值。正弦交流电的有效值为其最大值的 $1/\sqrt{2}$ 倍。

（3）两个同频率的正弦量的相位差 $\varphi=\theta_1-\theta_2$，相位差反映了两个同频率正弦量的变化进程之差。两个同频率正弦量的相位关系可用超前、滞后、同相、反相和正交五种关系来描述。

二、正弦量的相量表示法

（1）模等于正弦量的最大值或有效值，辐角等于正弦量的初相的复数，称为正弦量的相量。正弦量的相量一般指有效值相量，表示为 $\dot{I}=I\angle\theta_i$，$\dot{U}=U\angle\theta_u$。

（2）同频率的正弦量的相量画在同一复平面上，所得的图形称为相量图。只有同频率的正弦交流电才能在同一相量图上加以分析。

（3）基尔霍夫定律的相量形式为 $\sum\dot{I}=0$，$\sum\dot{U}=0$。

三、单一参数元件的正弦交流电路

（1）电阻、电感、电容元件的电压电流关系：$\dot{U}=R\dot{I}$，$\dot{U}=jX_L\dot{I}$，$\dot{U}=-jX_C\dot{I}$，其中感抗 $X_L=\omega L$，容抗 $X_C=\dfrac{1}{\omega C}$，单位均为 Ω。

（2）有功功率指瞬时功率在一周期内的平均值，又称为平均功率，反映了电路实际消耗功率的情况，简称功率，用大写字母 P 表示，即 $P = \dfrac{1}{T}\displaystyle\int_0^T p\,\mathrm{d}t$，单位为 W。

（3）无功功率反映电感或电容元件与外电路互换能量的规模，用大写字母 Q 表示，SI 主单位是 var（乏）或 kvar（千乏）。

四、无源二端网络的等效阻抗

（1）复阻抗的定义：$Z = \dfrac{\dot{U}}{\dot{I}} = R + \mathrm{j}X = |Z| \angle \varphi$，其中阻抗模 $|Z| = \dfrac{U}{I}$，阻抗角 $\varphi = \theta_\mathrm{u} - \theta_\mathrm{i}$。$|Z|$、$R$、$X$ 的大小符合直角三角形三条边的关系，一般称该直角三角形为阻抗三角形。

（2）RLC 串联电路的复阻抗

$$Z = R + \mathrm{j}X = R + \mathrm{j}(X_\mathrm{L} - X_\mathrm{C}) = |Z| \angle \varphi$$

$$|Z| = \sqrt{R^2 + X^2}, \quad \varphi = \arctan\frac{X}{R}$$

当电抗参数 X 取值不同时 RLC 串联电路呈现出三种不同的性质：电阻性、电感性和电容性。电阻的电压 $\dot{U}_\mathrm{R}$、电抗的电压 $\dot{U}_\mathrm{X}$ 和串联电路的总电压 $\dot{U}$ 也构成一个直角三角形，称为电压三角形。

（3）阻抗与导纳的关系为 $Y = \dfrac{1}{Z}$，$|Y| = \dfrac{1}{|Z|}$，$\varphi' = -\varphi$。

五、正弦交流电路的功率

（1）有功功率 $P = UI\cos\varphi = UI\lambda = I^2 R$，其中 λ 为功率因数，φ 为功率因数角，等于二端网络的阻抗角。

无功功率 $Q = UI\sin\varphi$ 反映了具有储能元件的网络与其外部交换能量的规模。网络吸收的正的无功功率称为感性无功功率，吸收的负的无功功率称为容性无功功率。

视在功率 $S = UI$，常用来表示电气设备的容量，单位为 VA。

视在功率、有功功率与无功功率正好构成一个直角三角形称为功率三角形，即 $S = \sqrt{P^2 + Q^2}$。功率三角形与对应的电压三角形和阻抗三角形是相似三角形。

（2）功率因数的提高：一般采用在感性负载两端并联适当容量电容器的方法来提高电路的功率因数，$C = \dfrac{P}{\omega U^2}(\tan\varphi - \tan\varphi')$。

六、谐振

（1）串联谐振条件为 $X_\mathrm{L} = X_\mathrm{C}$，$\omega_0 = \dfrac{1}{\sqrt{LC}}$。

（2）特性阻抗和品质因数为 $\rho = \omega_0 L = \dfrac{1}{\omega_0 C} = \sqrt{\dfrac{L}{C}}$，$Q = \dfrac{\rho}{R} = \dfrac{\omega_0 L}{R} = \dfrac{1}{\omega_0 RC} = \dfrac{1}{R}\sqrt{\dfrac{L}{C}}$。

（3）串联谐振特征：阻抗最小，电流 $I = \dfrac{U}{|Z|} = \dfrac{U}{R}$ 最大；外施电压全部降落在电阻 R 两端即 $\dot{U} = \dot{U}_\mathrm{R}$；谐振时电感和电容的端电压可能大大超过外施电压，即有 $U_\mathrm{L0} = U_\mathrm{C0} = \dfrac{\rho}{R}U = QU$。

习 题 三

一、填空题

3-1 正弦交流电的三要素为_____、_____和_____。

3-2 已知一正弦交流电压 $u=311\sin(314t+210°)$ V。则它最大值 $U_m=$_____ V，有效值 $U=$_____ V，初相角为 $\theta=$_____，频率 $f=$_____；$\omega=$_____ rad/s；$T=$_____ s。

3-3 两个_____正弦量的相位角之差，叫做相位差，其数值等于_____之差。

3-4 已知 $i_1=2\sin(\omega t-30°)$ A，$i_2=4\sin(\omega t+150°)$ A，则称两电流的相位关系为_____。

3-5 当频率为 50Hz 时某电容容抗等于一电感感抗，则当频率为 100Hz 时，该电容容抗为电感感抗的_____。

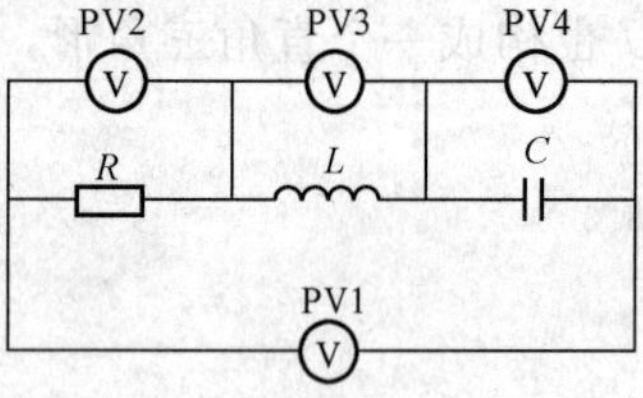

图 3-38 习题 3-6 图

3-6 如图 3-38 所示，已知电压表 PV1、PV2、PV4 的读数分别为 100、100、40V，则电压表 PV3 的读数应为_____。

3-7 在 RLC 串联电路中，已知 $R=5\Omega$，$X_L=5\Omega$，$X_C=10\Omega$，则电路的性质为_____性，总电压比总电流_____。

3-8 给某一电路施加 $u=220\sqrt{2}\sin(100\pi t+60°)$ V 的电压，得到的电流 $i=10\sqrt{2}\sin(100\pi t+150°)$ A。该电路的性质为_____，有功功率为_____，无功功率为_____，功率因数 $\lambda=$_____。

3-9 $R=100\Omega$、$L=0.1$H、$C=10\mu$F 的串联电路当 $\omega_0=$_____电路发生谐振，谐振时 U_C 为总电压的_____倍，谐振时电路的复阻抗 $Z_0=$_____，若总电压为 10V，则谐振时电流达到_____值为_____ A。

3-10 复阻抗 $Z=(10+j10\sqrt{3})\Omega$，则 $|Z|=$_____，阻抗角 $\varphi=$_____，其电阻分量为_____，电抗分量为_____，电路呈_____性。

二、选择题

3-11 有一工频正弦交流电压 $u=100\sin(\omega t-30°)$ V，在 $t=\dfrac{T}{6}$ 时，电压的瞬时值为（　　）。

A. 50V　　　　　B. 60V　　　　　C. 100V　　　　　D. 75V

3-12 一 RL 串联电路接至有效值固定不变而频率连续可调的正弦电压上，当频率升高时，电路的电流有效值（　　），u_L 超前于 u 的相位角（　　）。

A. 增大　　　　B. 减小　　　　C. 不变

3-13 我国工农业生产及日常生活中使用的工频交流电的周期和频率为（　　）。

A. 0.02s、50Hz　　B. 0.2s、50Hz　　C. 0.02s、60Hz　　D. 5s、0.02Hz

3-14 两个正弦交流电流 i_1、i_2 的最大值都是 10A，相加后电流的最大值也是 10A，它们之间的相位差为（　　）。

A. 30°　　　　　B. 60°　　　　　C. 120°　　　　　D. 90°

3-15 通常所说的交流电压 220、380V，是指交流电压的（　　）。

A. 平均值　　　　B. 最大值　　　　C. 瞬时值　　　　D. 有效值

3-16 交流电路中，提高功率因数的目的是（　　）。

A. 节约用电，增加用电器的输出功率

B. 提高用电器的效率

C. 提高电源的利用率，减小电路电压损耗和功率损耗

D. 提高用电设备的有功功率

3-17 以下各对正弦电压中，能用相量法进行加减的有（　　）。

A. $u_1=4\cos\omega t$V，$u_2=3\sin(\omega t-60°)$V

B. $u_1=4\sin(\omega t+30°)$V，$u_2=3\sin(20\omega t)$V

C. $u_1=4\cos\omega t$V，$u_2=5\sin(30\omega t)$V

3-18 在纯电感电路中，若 $u=U_m\sin(\omega t)$ V，则 i 为（　　）。

A. $i=\dfrac{U_m}{\omega L}\sin(\omega t+90°)$A　　　　　B. $i=U_m\omega\sin(\omega t-90°)$A

C. $i=\dfrac{U_m}{\omega L}\sin(\omega t-90°)$A　　　　　D. $i=U_m\omega\sin(\omega t+90°)$A

3-19 有一只耐压值为 500V 的电容器，可以接在（　　）交流电源上使用。

A. $U=500$V　　B. $U_m=500$V　　C. $U=400$V　　D. $U=500\sqrt{2}$V

3-20 串联谐振的形成决定于（　　）。

A. 电源频率

B. 电路本身参数

C. 电源频率和电路本身参数达到 $\omega L=\omega C$

D. 电源频率和电路本身参数达到 $\omega L=1/\omega C$

三、分析计算题

3-21 试用相量表示下列各正弦量，并绘出相量图。

(1) $i=10\sin(\omega t-30°)$A；(2) $u=220\sqrt{2}\sin(\omega t+45°)$V；

(3) $i=-8\sin(\omega t)$A；(4) $u=380\sqrt{2}\sin(\omega t+230°)$V。

3-22 试写出下列相量对应的正弦量的解析式。

(1) $\dot{I}_1=10\angle30°$A；(2) $\dot{I}_2=j15$A；(3) $\dot{U}_2=5\sqrt{3}+j5$V。

3-23 已知 $i_1=10\sin\omega t$A，$i_2=10\sin(\omega t-60°)$A，求 $i=i_1\pm i_2=?$ 并作出相量图。

3-24 日光灯电路可用图 3-39 所示电路表示，已知 $R_1=280\Omega$，$R_2=20\Omega$，$L=1.65$H，电源电压 $U=220$V，频率 $f=50$Hz，试求电路中的电流 I，以及灯管和镇流器上的电压。

3-25 在图 3-40 所示测量电路中，测得 $U=220$V，$I=5$A，$P=500$W，电源频率 $f=50$Hz，求 L 及 R。

3-26 在 RLC 串联电路中，已知电源电压 $u=380\sqrt{2}\sin(5000t-45°)$V，$R=7.5\Omega$，$L=6$mH，$C=5\mu$F，试求：

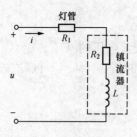

图 3-39　习题 3-24 图

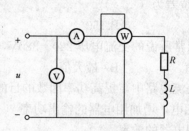

图 3-40　习题 3-25 图

(1) 阻抗 Z;

(2) 电流 $\dot{I}$ 和电压 $\dot{U}_R$、$\dot{U}_L$ 和 $\dot{U}_C$;

(3) 绘出电压、电流相量图。

3-27　已知一 $Z=(300+j520)\Omega$ 的感性负载接至 220V 的工频交流电源上,为提高功率因数,在其两端并联一 $C=3.3\mu F$ 的电容器。试分别计算电路在并联电容器前后的功率因数和电流。

3-28　如图 3-41 所示电路中,$\dot{U}=100\angle 60°V$,$R=4\Omega$,$X_L=3\Omega$,$X_C=10\Omega$,试求电流 $\dot{I}_1$、$\dot{I}_2$ 和 $\dot{I}$。

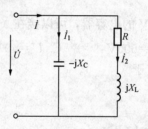

图 3-41　习题 3-28 图

第四章

三 相 正 弦 交 流 电 路

现代电力系统中电能的生产、传输和供电方式普遍采用三相制。这是因为制造三相交流发电机和三相变压器比制造同容量的单相发电机和单相变压器更节省材料，同等条件下采用三相输电比单相输电更节省有色金属，且作为各种生产机械动力设备的三相交流电机也比单相电机的性能好、可靠性和经济效益更高。

所谓三相制就是由三个频率相同、振幅相等、相位彼此相差120°的正弦电动势作为供电电源的三相供电系统。采用三相制供电的电路，叫做三相正弦交流电路，它由三相电源、三相负载和三相输电线路三部分组成。生活中使用的单相交流电源只是三相电源中的一相。

三相电路可以看成是前述第三章所学正弦交流电路中复杂电路的一种特殊形式，因此有关正弦交流电路的基本概念、基本规律和分析方法完全适用于三相正弦交流电路，但三相电路又具有其自身的特点和规律。

本章主要讨论对称三相电源的产生和三相电源的连接方式、三相负载的连接以及三相电路的功率等问题。

【知识目标】

(1) 建立对称三相正弦量、对称三相负载和对称三相电路的概念及相序的概念。

(2) 理解相电压、线电压、相电流、线电流的概念。

(3) 掌握对称三相电源星形连接方法及其相电压和线电压的关系，理解中性线的作用。

(4) 掌握对称三相负载三角形连接方法及其相电流和线电流的关系。

(5) 掌握三相电路功率的计算方法和测量方法。

【技能目标】

(1) 学会使用三相调压器。

(2) 能按图正确进行三相负载的星形连接，熟练进行对称负载电压、电流的测量。

(3) 通过观察负载中性点位移现象，理解中性线的作用，能进行简单故障的分析判断。

课题一　三相电源的产生及其连接方式

一、对称三相正弦电源

三相正弦电源通常是由图4-1（a）所示的三相交流发电机产生的。在发电机定子中嵌有三个完全相同的绕组 U1U2、V1V2 和 W1W2，其中 U1、V1、W1 是绕组的始端，U2、V2、W2 是绕组的末端，三个绕组在空间位置上彼此相隔120°。当转子（磁极）由原动机拖动以均匀角速度 ω 顺时针旋转时，分析可得三个绕组的两端分别产生幅值相等、频率相同、相位互差 120°的感应电动势，相当于三个独立的正弦交流电压源，可分别用 $u_U(e_U)$、$u_V(e_V)$、$u_W(e_W)$ 表示。设定绕组的首端为参考方向的正极性端，末端为参考方向的负极性端，以 u_U 为参考正弦量，则三个电压源的瞬时值表达式为

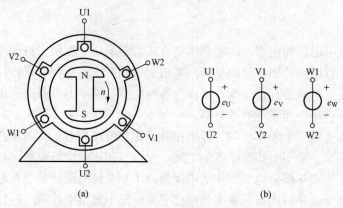

图 4-1　三相交流发电机示意图

$$
\left.
\begin{aligned}
u_U &= \sqrt{2}U\sin(\omega t) \\
u_V &= \sqrt{2}U\sin(\omega t - 120°) \\
u_W &= \sqrt{2}U\sin(\omega t + 120°)
\end{aligned}
\right\}
\tag{4-1}
$$

若用相量形式来表示则为

$$
\left.
\begin{aligned}
\dot{U}_U &= U\angle 0° \\
\dot{U}_V &= U\angle -120° \\
\dot{U}_W &= U\angle 120°
\end{aligned}
\right\}
\tag{4-2}
$$

它们的波形图和相量图分别如图 4-2 所示。作三相电路的相量图时，习惯上把参考相量画在垂直方向，其他相量相对于参考相量画出。

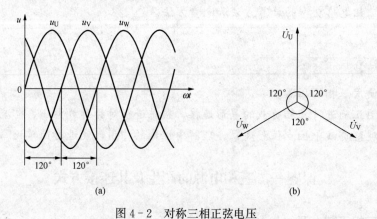

图 4-2　对称三相正弦电压

（a）波形图；（b）相量图

像这样的三个频率相同、有效值相等而相位互差 120°的电压称为对称三相正弦电压，它们的和

$$
\dot{U}_U + \dot{U}_V + \dot{U}_W = 0
\tag{4-3}
$$

则其瞬时值之和也为零，即

$$u_U + u_V + u_W = 0 \qquad (4-4)$$

这说明在任一瞬间，对称三相电源三个电压之和恒等于零。

　　工程上把三个电源中的每一个电源称为三相电源的一相，依次称为 U 相、V 相和 W 相。各相电压到达同一个量值（例如正的最大值）的先后顺序称为相序，相序即三相交流电在相位上的先后次序。上述三个电压的相序是 U−V−W（或 V−W−U 或 W−U−V），即 U 相超前 V 相，V 相超前 W 相，W 相超前 U 相，这样排定的顺序称为正序。如果三个电压的相序是 W−V−U（V−U−W 或 U−W−V），即 U 相滞后 V 相，V 相滞后 W 相，W 相滞后 U 相，这样排定的顺序称为负序或逆序。

　　对称三相电压、电流、电动势通称为对称三相正弦量。如无特别声明，通常所说的三相电源均指正序对称三相电源。工程上通常用黄、绿、红三种颜色分别表示三相电源的 U、V、W 三相。

二、三相电源的连接

　　三相电源可以看成三个单相电源按一定方式连接构成的三相供电系统，其基本连接方式有星形（Y）和三角形（△）连接两种。

　　1. 三相电源的星形（Y）连接

　　通常把发电机三相绕组的末端 U2、V2、W2 连接在一起形成一公共节点 N，称为电源的中性点，而把始端 U1、V1、W1 作为与外电路相连接的端点 U、V 和 W，这种连接方式叫做电源的星形连接，如图 4-3 所示。

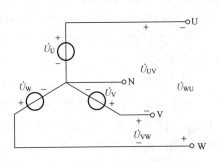

　　从中性点引出的导线称为中性线，当中性点接地时中性线又称地线或零线。由三个端点 U1、V1、W1 向外引出的导线称为端线或相线，俗称火线。由三根端线和一根中性线构成的供电系统称为三相四线制供电系统。通常低压供电网都采用三相四线制。

图 4-3　三相电源的星形连接

　　三相四线制供电系统可输送两种电压：一种是端线与中性线间的电压称为相电压，分别记为 $\dot{U}_{UN}$、$\dot{U}_{VN}$、$\dot{U}_{WN}$，通常简记为 $\dot{U}_U$、$\dot{U}_V$、$\dot{U}_W$；另一种是端线与端线间的电压称为线电压，习惯上按正相序的次序排列，分别记为 $\dot{U}_{UV}$、$\dot{U}_{VW}$、$\dot{U}_{WU}$。

　　由图 4-3 据 KVL 定律可得线电压与相电压间的关系为

$$\left.\begin{array}{l} \dot{U}_{UV} = \dot{U}_U - \dot{U}_V \\ \dot{U}_{VW} = \dot{U}_V - \dot{U}_W \\ \dot{U}_{WU} = \dot{U}_W - \dot{U}_U \end{array}\right\} \qquad (4-5)$$

　　如果三相电源对称，将式（4-2）代入式（4-5）计算可得

$$\dot{U}_{UV} = \dot{U}_U - \dot{U}_V = \dot{U}_U \left(\frac{3}{2} + j\frac{\sqrt{3}}{2} \right) = \sqrt{3}\dot{U}_U \angle 30°$$

即

$$\dot{U}_{UV} = \sqrt{3}\dot{U}_U \angle 30° \qquad (4-6)$$

同理可得

$$\left.\begin{array}{l} \dot{U}_{VW} = \sqrt{3}\dot{U}_V \angle 30° \\ \dot{U}_{WU} = \sqrt{3}\dot{U}_W \angle 30° \end{array}\right\} \qquad (4-7)$$

这一结果表明，对称三相电源作星形连接时，三个线电压也是对称的，而且在数值上，线电压有效值是相电压有效值的$\sqrt{3}$倍，在相位上，线电压超前相应的超前相电压30°。

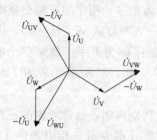

图 4-4　星形连接的电压相量图

上述关系也可由相量图求出。因为$\dot{U}_{UV}=\dot{U}_U-\dot{U}_V=\dot{U}_U+(-\dot{U}_V)$，则由三角形法则作出$\dot{U}_{UV}$，如图 4-4 所示，类似地可作出$\dot{U}_{VW}$和$\dot{U}_{WU}$。由相量图可知，三个线电压也是对称的，且有效值是相电压有效值的$\sqrt{3}$倍，在相位上比相应的超前相电压还要超前30°。

如用U_l统一表示各线电压有效值，U_p统一表示各相电压有效值，则有

$$U_l = \sqrt{3}U_p \qquad (4-8)$$

一般低压供电的线电压是 380V，它的相电压是 380V$/\sqrt{3}=$220V，负载可根据额定电压决定其接法：单相负载若额定电压是 380V，就接在两根端线之间；若额定电压是 220V，就接在端线与中性线之间。另一类如三相交流电动机等三相负载必须接到三相电源上才能正常工作，三相负载的连接方式在后面的课题中再专门讨论。

星形连接的电源如果只将三条端线引出对外供电，即为三相三线制。三相三线制只能对外提供线电压。

2. 三相电源的三角形（△）连接

把发电机三相绕组依次始端与末端顺序相连，即 W2 与 U1、U2 与 V1、V2 与 W1 相接形成一个闭合回路，再从三个连接点 U、V、W 引出端线，如图 4-5 所示，这就是三相电源的三角形连接。

可见，当三相电源作三角形连接时，线电压就等于电源的相电压。

由于相电压对称，$\dot{U}_U+\dot{U}_V+\dot{U}_W=0$，所以在连接正确的电源回路中总的电压为零，电源内部不会产生环行电流。如果把某一相电压源（例如 U 相）接反，则回路中总的电压在闭合前为$-\dot{U}_U+\dot{U}_V+\dot{U}_W=-2\dot{U}_U$，此时电源回路中总电压的大小是一相电压的两倍。其相量图如图 4-6（b）所示。这对于内阻抗很小的发电机绕组是非常危险的，因为回路中将产生很大的环行电流$\dot{I}_s$，如图 4-6（a）所示，此时，常会因电流过大而将发电机严重损坏。

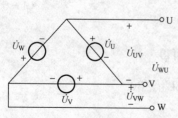

图 4-5　三相电源的三角形连接

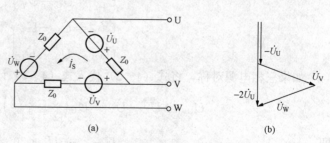

(a)　　　　　　　(b)

图 4-6　一相电源接反的三角形连接
（a）电路；（b）相量图

因此，为避免接反，当一组三相电源作三角形连接时，应先不完全闭合，留下一个开口，在开口处接上一个交流电压表，测量回路中总的电压是否为零。如果电压为零，说明连接正确，然后再把开口处接在一起，以确保连接无误。

【例 4-1】 对称的三相电源星形连接，已知线电压 $\dot{U}_{VW}=380\angle 30°V$，试求其他线电压和各相电压相量。

思路分析： 已知三相电源对称，则其线电压对称，即三个线电压频率相同，有效值相等而相位互差 120°。相电压与线电压的关系由式（4-6）、式（4-7）确定。

解： 因为 $\dot{U}_{VW}=380\angle 30°V$，所以

$$\dot{U}_{UV} = 380\angle(30°+120°) = 380\angle 150°$$

$$\dot{U}_{WU} = 380\angle(30°-120°) = 380\angle -90°$$

由对称的三相电源星形连接时，线电压和相电压之间的关系可得

$$\dot{U}_V = \frac{\dot{U}_{VW}}{\sqrt{3}}\angle -30° = \frac{380\angle 30°}{\sqrt{3}}\angle -30° = 220\angle 0°$$

根据对称性，可写出其他相电压

$$\dot{U}_U = 200\angle 120°, \dot{U}_W = 220\angle -120°$$

思考与讨论

已知正序对称三相电源星形连接，相电压 $\dot{U}_U=220\angle 60°V$。

（1）写出其他两个相电压及三个线电压的解析式；

（2）画出相电压、线电压的相量图。

课题二 三相负载的连接

接在三相电路中的三相用电设备，或是分别接在三相电源中各相电路上工作的三组单相用电设备，统称为三相负载。如果各相负载的复阻抗相等，则称其为对称三相负载。例如三相电动机就是一种对称三相负载。反之三相负载的复阻抗不完全相等则称其为不对称三相负载。

与三相电源一样，三相负载也有星形（Y）和三角形（△）两种连接方式。

一、三相负载的星形（Y）连接

三相负载的星形连接是把三相负载（或三个单相负载）的一端共同连接在一点，另一端分别与电源的三条端线相连。三相负载连接得到的公共节点用 N′ 表示，称为负载的中性点。负载的中性点与星形连接的三相电源的中性点 N 相连，如图 4-7（a）所示。这种用四根导线把电源和负载连接起来的三相电路称为三相四线制电路，如前所述，三相四线制供电系统可对外提供线电压和相电压两种电压。

在三相电路中，流过端线的电流称为线电流，习惯上选择各线电流的参考方向从电源到负载，如图 4-7 中的 $\dot{I}_U$、$\dot{I}_V$ 和 $\dot{I}_W$。流过各相电源和各相负载上的电流称为相电流。显然，

在三相负载星形连接的电路中，线电流等于流过各相负载中的相电流。流过中性线的电流称为中性线电流，中性线电流用 $\dot{I}_N$ 表示，习惯上选择中性线电流的参考方向从负载到电源，如图 4 - 7（a）所示。

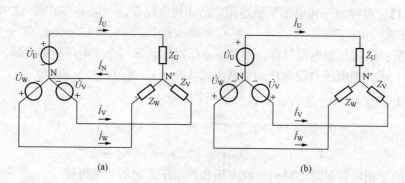

图 4 - 7　三相电路

(a) 三相四线制电路；(b) 三相三线制Y连接电路

对于图 4 - 7（a）所示电路而言，负载的相电压等于电源对应的相电压，根据相量形式的欧姆定律可以方便地求出各相负载相电流，即

$$\dot{I}_U = \frac{\dot{U}_U}{Z_U}, \quad \dot{I}_V = \frac{\dot{U}_V}{Z_V}, \quad \dot{I}_W = \frac{\dot{U}_W}{Z_W}$$

再根据相量形式的 KCL，可得中性线电流

$$\dot{I}_N = \dot{I}_U + \dot{I}_V + \dot{I}_W \qquad\qquad (4 - 9)$$

若三相负载对称，则三相电流对称。此时可只计算一相电流，其他两相由对称性得出。且对称时中性线电流 $\dot{I}_N$ 等于零，所以可省去中性线，如图 4 - 7（b）所示。这种用三根导线把电源和负载连接起来的三相电路称为三相三线制Y连接电路。三相三线制电路只能对外提供线电压一种电压。对于图 4 - 7（b）所示电路而言，根据 KCL 定律，显然各线（相）电流之间满足

$$\dot{I}_U + \dot{I}_V + \dot{I}_W = 0 \qquad\qquad (4 - 10)$$

常用的三相电动机等负载，在正常情况下是对称的，可采用图 4 - 7（b）所示的三相三线制供电。但如果某种原因使三相负载不对称，则中性线电流 $\dot{I}_N$ 就不等于零，即中性线上会有电流通过，那么中性线就不能省去，否则会造成各相负载的相电压不对称，使用电设备不能正常工作。

【例 4 - 2】 图 4 - 8 所示三相三线电路电源电压三相对称，三相对称负载作星形连接，试分析 U 相负载短路时各相负载相电压的变化情况。

思路分析： U 相负载短路使得电路三相负载不对称，所以应分别分析计算各相。

解： U 相负载短路，如图 4 - 8（a）所示。

设 $\dot{U}_U = U\angle 0°$，此时负载中性点 N′ 直接与电源 U 端相连，故中性点电压为

$$\dot{U}_{N'N} = \dot{U}_U = U\angle 0°$$

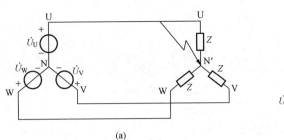
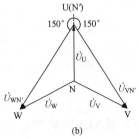

(a)   (b)

图 4-8 [例 4-2] 一相负载短路及其相量图

由 KVL 求得负载相电压分别为

$$\dot{U}_{\mathrm{UN'}} = \dot{U}_{\mathrm{U}} - \dot{U}_{\mathrm{N'N}} = 0$$

$$\dot{U}_{\mathrm{VN'}} = \dot{U}_{\mathrm{V}} - \dot{U}_{\mathrm{N'N}} = \dot{U}_{\mathrm{V}} - \dot{U}_{\mathrm{U}} = U\angle -120° - U\angle 0° = \sqrt{3}U\angle -150°$$

$$\dot{U}_{\mathrm{WN'}} = \dot{U}_{\mathrm{W}} - \dot{U}_{\mathrm{N'N}} = \dot{U}_{\mathrm{W}} - \dot{U}_{\mathrm{U}} = U\angle 120° - U\angle 0° = \sqrt{3}U\angle 150°$$

也可由三角形法则画相量图求解，作出相量图如图 4-8（b）所示，结论和上述计算结果相同。

可见，当 U 相负载短路时，中性点电压发生位移，其他两相负载相电压升高为正常电压的 $\sqrt{3}$ 倍。即正常情况下对称的三相三线制Y连接电路中，一相负载发生短路故障时，其他各相均不能正常工作。

而在图 4-7（a）所示星形连接的三相四线制系统中，因为有中性线每相成为一独立系统，无论负载是否对称，各相负载承受的相电压始终是对称的电源相电压，一相发生故障并不影响其他两相正常工作。照明线路是不对称三相电路的实例，必须采用三相四线制，同时保证中性线连接可靠且具有一定的机械强度，并规定中线上不准安装熔断器和开关。

二、三相负载的三角形连接

如图 4-9 所示将三相负载 Z_{UV}、Z_{VW}、Z_{WU} 连接成一闭合回路，两两之间的连接点分别接电源的三根端线，称为负载的三角形连接。每相负载上流过的电流 $\dot{I}_{\mathrm{UV}}$、$\dot{I}_{\mathrm{VW}}$、$\dot{I}_{\mathrm{WU}}$ 是相电流，端线上流过的电流 $\dot{I}_{\mathrm{U}}$、$\dot{I}_{\mathrm{V}}$、$\dot{I}_{\mathrm{W}}$ 是线电流。加在各相负载两端的电压是负载的相电压，端线与端线之间的电压是电源线电压。

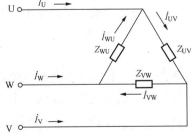

图 4-9 三角形连接的负载

显然，负载作三角形连接时，各负载的相电压等于对应的电源线电压。所以负载作三角形连接时，无论负载本身是否对称，各负载的相电压总是对称的电源线电压，若某相负载断开并不影响其他两相正常工作。

已知负载的参数，就可以方便地求出各负载的相电流 $\dot{I}_{\mathrm{UV}}$、$\dot{I}_{\mathrm{VW}}$ 和 $\dot{I}_{\mathrm{WU}}$，即

$$\left.\begin{array}{l} \dot{I}_{UV} = \dfrac{\dot{U}_{UV}}{Z_{UV}} \\[2ex] \dot{I}_{VW} = \dfrac{\dot{U}_{VW}}{Z_{VW}} \\[2ex] \dot{I}_{WU} = \dfrac{\dot{U}_{WU}}{Z_{WU}} \end{array}\right\} \quad (4-11)$$

由图 4-9 据 KCL 可得线电流分别为

$$\left.\begin{array}{l} \dot{I}_U = \dot{I}_{UV} - \dot{I}_{WU} \\ \dot{I}_V = \dot{I}_{VW} - \dot{I}_{UV} \\ \dot{I}_W = \dot{I}_{WU} - \dot{I}_{VW} \end{array}\right\} \quad (4-12)$$

如果三相负载对称，则可得负载的相电流也对称，设 $\dot{I}_{UV} = I\angle 0°$，则 $\dot{I}_{VW} = I\angle -120°$，$\dot{I}_{WU} = I\angle 120°$，代入式 (4-12) 可得

$$\left.\begin{array}{l} \dot{I}_U = I\angle 0° - I\angle 120° = \sqrt{3}I\angle -30° = \sqrt{3}\dot{I}_{UV}\angle -30° \\ \dot{I}_V = \sqrt{3}\dot{I}_{VW}\angle -30° \\ \dot{I}_W = \sqrt{3}\dot{I}_{WU}\angle -30° \end{array}\right\} \quad (4-13)$$

这一结果表明，三相对称负载三角形连接时，三个相电流对称，三个线电流也对称，而且在数值上，线电流有效值是相电流有效值的 $\sqrt{3}$ 倍；在相位上，线电流滞后于对应的后续相电流 30°。

上述关系也可通过画相量图求出，如图 4-10 所示。

如用 I_l 统一表示各线电流有效值，I_p 统一表示各相电流有效值，则有

$$I_l = \sqrt{3}I_p \quad (4-14)$$

如果将三角形连接的三相负载看成一广义节点，由 KCL 定律知 $\dot{I}_U + \dot{I}_V + \dot{I}_W = 0$ 恒成立，与负载对称与否无关。

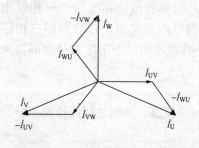

图 4-10 对称负载三角形连接时的相量图

【例 4-3】 加在图 4-9 中三角形连接负载上的三相电压对称，电源线电压为 380V，若各相阻抗 $Z=(6+j8)\Omega$，试求各相电流和线电流。

思路分析：因为对称负载三角形连接，所以可先计算一相负载电流，其余负载相电流由对称性得出，而负载线电流则可由线电流和相电流的关系求出。

解：设线电压 $\dot{U}_{UV} = 380\angle 0°$V，则各相电流为

$$\dot{I}_{UV} = \frac{\dot{U}_{UV}}{Z} = \frac{380\angle 0°}{6+j8} = 38\angle -53.1° \text{ (A)}$$

$$\dot{I}_{VW} = 38\angle -173.1° \text{ (A)}$$

$$\dot{I}_{WU} = 38\angle 66.9° \text{ (A)}$$

各线电流为

$$\dot{I}_U = \sqrt{3}\dot{I}_{UV}\angle-30° = \sqrt{3}\times38(-53.1°-30°) = 65.8\angle-83.1°(A)$$

$$\dot{I}_V = \sqrt{3}\dot{I}_{VW}\angle-30° = \sqrt{3}\times38(-173.1°-30°) = 65.8\angle156.9°(A)$$

$$\dot{I}_W = \sqrt{3}\dot{I}_{WU}\angle-30° = \sqrt{3}\times38(66.9°-30°) = 65.8\angle36.9°(A)$$

【例4-4】 大功率三相电动机启动时，由于启动电流较大而采用降压启动，其方法之一是启动时将电动机三相绕组接成星形，而在正常运行时改接为三角形。试比较当绕组星形连接和三角形连接时相电流的比值及线电流的比值。

思路分析： 根据题意，无论电动机三相绕组是星形还是三角形连接，绕组的阻抗 Z 都不变。若能求出两种连接方式下的电压，可根据公式 $I_p = \dfrac{U_p}{|Z|}$ 求得相电流，继而求得线电流。

解： (1) 当绕组按星形连接时，线电压是相电压的 $\sqrt{3}$ 倍，线电流等于等于相电流，即

$$U_{Yp} = \frac{U_l}{\sqrt{3}} \quad I_{Yp} = I_l = \frac{U_{Yp}}{|z|} = \frac{U_l}{\sqrt{3}|z|}$$

(2) 当绕组按三角形连接时，线电压等于相电压，线电流是相电流的 $\sqrt{3}$ 倍，即

$$U_{\triangle p} = U_l, \quad I_{\triangle p} = \frac{U_{\triangle p}}{|Z|} = \frac{U_l}{|Z|}, \quad I_{\triangle l} = \sqrt{3}I_{\triangle p} = \frac{\sqrt{3}U_l}{|Z|}$$

(3) 所以，两种接法相电流的比值为

$$\frac{I_{Yp}}{I_{\triangle p}} = \frac{U_l/\sqrt{3}|Z|}{U_l/|Z|} = \frac{1}{\sqrt{3}}$$

线电流的比值为

$$\frac{I_{Yl}}{I_{\triangle l}} = \frac{U_l/\sqrt{3}|Z|}{\sqrt{3}U_l/|Z|} = \frac{1}{3}$$

实际工程中三相负载采用何种连接方式要根据电源电压和负载的额定电压来决定。当负载的额定电压等于电源的线电压时应采用三角形连接；当负载的额定电压等于电源的相电压时采用星形连接。此外，若有许多单相负载接到三相电源上，应尽量将这些负载平均分配到每一相上，使三相电路尽可能对称。

综上所述，三相负载与三相电源通过三相输电线路按一定方式连接起来组成三相电路。当这三部分都对称时，便称三相电路为对称三相电路。即对称三相电路就是以一组（或多组）对称三相电源通过对称三相输电线（即三根导线的复阻抗相等）接到一组（或多组）对称三相负载组成的三相电路。

在Y—Y连接的对称三相电路中，中线不起作用且各相具有独立性和对称性，所以计算时可抓住其特点归结到一相电路计算，然后由对称性得出其他两相的电压和电流。若三相负载为△连接，则可先将其等效变换为Y连接后再求解。

思考与讨论

1. 三相四线制供电系统的中性线上为什么不准接熔断器和开关？

2. 判断下列结论是否正确。

(1) 当负载作星形连接时必须有中性线。

(2) 当负载作星形连接时线电流必定等于相电流。

(3) 当负载作星形连接时线电压必定为相电压的 $\sqrt{3}$ 倍。

(4) 当负载作三角形连接时线电流必定等于相电流的 $\sqrt{3}$ 倍。

(5) 三相负载作三角形连接时，如果测得三个相电流大小相等，则三个线电流也必然相等。

(6) 在三相三线制电路中，无论负载何种接法，也无论负载是否对称，三个线电流之和总为零。

3. 三个阻值相等的电阻星形连接后接到线电压为 380V 的三相电源上，线电流为 2A，现把这三个电阻改接成三角形连接，接到线电压为 220V 的三相电源上，线电流为多少？

课题三　三相电路的功率

一、有功功率、无功功率和视在功率

根据能量守恒关系，三相电路中，三相负载的有功功率等于各相有功功率之和，即

$$P = P_\text{U} + P_\text{V} + P_\text{W} = U_\text{U} I_\text{U} \cos\varphi_\text{U} + U_\text{V} I_\text{V} \cos\varphi_\text{V} + U_\text{W} I_\text{W} \cos\varphi_\text{W} \qquad (4-15)$$

式中：φ_U、φ_V 和 φ_W 分别是各相负载相电压与相电流之间的相位差角。

如果三相电路对称，则各相负载的有功功率相等。令 U_p、I_p 分别表示相电压、相电流，φ 为负载的功率因数角，则 $U_\text{U} I_\text{U} \cos\varphi_\text{U} = U_\text{V} I_\text{V} \cos\varphi_\text{V} = U_\text{W} I_\text{W} \cos\varphi_\text{W} = U_\text{p} I_\text{p} \cos\varphi$，故三相负载总的有功功率为

$$P = 3 U_\text{p} I_\text{p} \cos\varphi \qquad (4-16)$$

式中：$U_\text{p} I_\text{p} \cos\varphi$ 为一相负载的有功功率。

对称三相电路的有功功率等于一相有功功率的三倍。

在三相对称电路中，当负载作星形连接时，因为 $U_\text{p} = U_l / \sqrt{3}$，$I_\text{p} = I_l$，所以有

$$P = 3 U_\text{p} I_\text{p} \cos\varphi = 3 \frac{U_l}{\sqrt{3}} I_l \cos\varphi = \sqrt{3} U_l I_l \cos\varphi$$

当负载作三角形连接时，有 $U_\text{p} = U_l$，$I_\text{p} = I_l / \sqrt{3}$，所以同样有

$$P = 3 U_\text{p} I_\text{p} \cos\varphi = 3 U_l \frac{I_l}{\sqrt{3}} \cos\varphi = \sqrt{3} U_l I_l \cos\varphi$$

因此，在对称的三相电路中，不论负载作星形连接还是三角形连接，三相电路总的有功功率均为

$$P = \sqrt{3} U_l I_l \cos\varphi \qquad (4-17)$$

必须注意的是：式 (4-17) 中 φ 仍为负载相电压与相电流之间的相位差角，即是负载的阻抗角。

由于电路的线电压和线电流更便于测量，同时三相设备铭牌上标明的通常都是线电压和线电流，所以利用线电压和线电流来表示或计算三相功率更为方便和实用，故式 (4-17) 更经常地用于分析对称三相电路总的有功功率。

同理，三相电路的无功功率为

$$Q = Q_U + Q_V + Q_W = U_U I_U \sin\varphi_U + U_V I_V \sin\varphi_V + U_W I_W \sin\varphi_W \tag{4-18}$$

三相电路对称时，则有

$$Q = 3U_p I_p \sin\varphi = \sqrt{3} U_l I_l \sin\varphi \tag{4-19}$$

三相电路的视在功率为

$$S = \sqrt{P^2 + Q^2} \tag{4-20}$$

电路对称时，则为

$$S = 3U_p I_p = \sqrt{3} U_l I_l \tag{4-21}$$

此时三相电路的功率因数为

$$\lambda = \frac{P}{S} = \cos\varphi \tag{4-22}$$

即电路对称时，三相电路的功率因数等于每相负载的功率因数，功率因数角 φ 即为负载的阻抗角。若三相电路不对称，功率因数 λ 只有计算上的意义而无实际意义。

【例 4-5】 一台三相异步电动机接于线电压为 380V 的对称三相电源上运行，测得线电流为 20A，输入功率为 11kW，试求电动机的功率因数、无功功率及视在功率。

思路分析： 三相异步电动机属于对称负载，所以应用对称三相电路的基本功率公式求解。

解： 三相异步电动机属于对称负载，由于 $P = \sqrt{3} U_l I_l \cos\varphi$，故

$$\cos\varphi = \frac{P}{\sqrt{3} U_l I_l} = \frac{11 \times 10^3}{\sqrt{3} \times 380 \times 20} = 0.84$$

$$S = \frac{P}{\cos\varphi} = \frac{11 \times 10^3}{0.84} = 13.1 \,(\text{kVA})$$

$$Q = S \sin\varphi = S \times \sqrt{1 - \cos^2\varphi} = 13.1 \sqrt{1 - 0.84^2} = 7.11 \,(\text{kvar})$$

二、三相功率的测量

根据电路的不同特点，可采用三表法、一表法和二表法来测量三相电路的总功率，现分别讨论如下。

（一）三表法

对于三相四线制的星形连接电路，无论对称或不对称，一般可用三只单相功率表分别测量每相功率，然后相加得出三相总的有功功率，如图 4-11 (a) 所示。

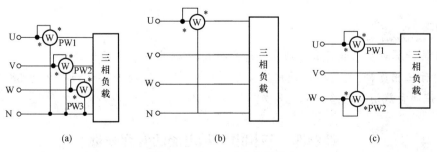

图 4-11 三相功率的测量

(a) 三表法；(b) 一表法；(c) 两表法

三只功率表的接法是每只功率表电流线圈上流过该相电流，电压线圈两端加同一相的相电压，电流线圈 * 端和电压线圈 * 端相连接，则每只功率表正好指示该相的有功功率（平均功率），那么三只功率表的读数之和就是三相负载吸收的总功率，即 $P=P_U+P_V+P_W$。

若三相电路对称，则只需用一块表测量，读数乘以三倍即为三相电路总功率。像这样用一只功率表测量三相电路功率的方法，称为一表法，如图 4-11（b）所示。对称三相四线制的星形连接电路用一表法测量，不对称三相四线制的星形连接电路用三表法测量。

需要注意的是，功率表接线时一定要将电压线圈和电流线圈的同名端即 * 端相连接，极性不能接错，否则，功率表会反转。

（二）二表法

对于三相三线制电路，无论它是否对称，都可以用两只单相功率表测量三相总的有功功率，称为双功率表法，简称二表法或两表法，其标准连接方式如图 4-11（c）所示（也可将 U 相或 W 相作为电压公共相）。

二表法的接法是将两只单相功率表的电流线圈分别串到任意两相中，电压线圈的同名端接到其电流线圈所串的相上，电压线圈的非同名端接到没有串功率表电流线圈的公共相上。

可以证明，两只功率表读数的代数和等于三相电路总的有功功率。即三相总功率

$$P=P_1+P_2 \tag{4-23}$$

其中，$P_1=U_{UV}I_U\cos\varphi_1$ 是功率表 PW1 的读数，φ_1 是 $\dot{U}_{UV}$ 与 $\dot{I}_U$ 的相位差（电压线圈所加电压超前电流线圈所加电流的相位差）；$P_2=U_{WV}I_W\cos\varphi_2$ 是功率表 PW3 的读数，φ_2 是 $\dot{U}_{WV}$ 与 $\dot{I}_W$ 的相位差。两只功率表读数的代数和就是三相电路的总功率，证明从略。

采用二表法测量时应特别注意以下几点。

（1）只有在三相三线制条件下，才能用二表法，且不论负载对称与否，不论负载是星形连接还是三角形连接。在三相四线制电路中，如果中性线电流不等于零，即 $i_U+i_V+i_W=i_N\neq0$，用二表法测量将产生误差。

（2）两块表读数的代数和为三相电路的总功率，每块表单独的读数没有实际意义。

（3）按正确极性接线时，二表中可能出现一只表指针反偏的情况（负载功率因数低时），此时为了取得读数，可将其电流线圈两接线端对调，使功率表指针正偏，但此时读数应记为负值。

根据二表法和三表法的原理也可制成三相功率表。

 思考与讨论

1. 如何计算对称三相负载的功率？计算公式 $\cos\varphi$ 中的 φ 表示什么？

2. 对称三相负载 Y 形连接，每相阻抗为 $(30+j40)\Omega$，将其接在线电压为 380V 的三相电源上，试问负载消耗的总功率是多少？

*课题四　三相电压和电流的对称分量

三相电机不对称运行和电力系统故障分析时，广泛应用对称分量法。本节简单介绍对称

分量的基本概念，供相关专业的学习选用。

一、三相制的对称分量

在三相制电路中，凡是大小相等、频率相同、相位差彼此相等的三个正弦量就是一组对称分量。在三相制中，满足上述条件的对称正弦量有以下三种。

1. 正序对称分量

设有三个相量 $\dot{F}_{U1}$、$\dot{F}_{V1}$、$\dot{F}_{W1}$，它们的模相等、频率相同、相位依次相差 $120°$，相序为 $\dot{F}_{U1} - \dot{F}_{V1} - \dot{F}_{W1}$，如图 4-12（a）所示。这样的一组对称正弦量称为正序对称分量，它们的相量表达式为

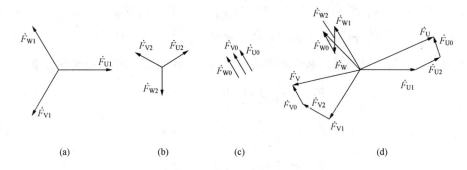

图 4-12 三相制的对称分量

（a）正序；（b）负序；（c）零序；（d）复合相量

$$\left.\begin{array}{l} \dot{F}_{U1} \\ \dot{F}_{V1} = a^2 \dot{F}_{U1} \\ \dot{F}_{W1} = a\dot{F}_{U1} \end{array}\right\} \tag{4-24}$$

其中 $a = 1\angle 120°$，称为 $120°$ 的旋转因子。

正序对称分量之和为零，即

$$\dot{F}_{U1} + \dot{F}_{V1} + \dot{F}_{W1} = 0 \tag{4-25}$$

2. 负序对称分量

设有三个相量 $\dot{F}_{U2}$、$\dot{F}_{V2}$、$\dot{F}_{W2}$，它们的模相等、频率相同、相位依次相差 $120°$，相序为 $\dot{F}_{U2} - \dot{F}_{W2} - \dot{F}_{V2}$，如图 4-12（b）所示。这样的一组对称正弦量称为负序对称分量，它们的相量表达式为

$$\left.\begin{array}{l} \dot{F}_{U2} \\ \dot{F}_{V2} = a\dot{F}_{U2} \\ \dot{F}_{W2} = a^2 \dot{F}_{U2} \end{array}\right\} \tag{4-26}$$

负序对称分量之和为零，即

$$\dot{F}_{U2} + \dot{F}_{V2} + \dot{F}_{W2} = 0 \tag{4-27}$$

3. 零序对称分量

设有三个相量 $\dot{F}_{U0}$、$\dot{F}_{V0}$、$\dot{F}_{W0}$，它们的模相等、频率相同、相位相同（相位差为零），

如图 4-12（c）所示。这样的一组对称正弦量称为零序对称分量，它们的相量表达式为

$$\dot{F}_{U0} = \dot{F}_{V0} = \dot{F}_{W0} \tag{4-28}$$

零序对称分量之和

$$\dot{F}_{U0} + \dot{F}_{V0} + \dot{F}_{W0} = 3\dot{F}_{U0} \tag{4-29}$$

在三相制中，除正序、负序和零序三种对称分量外，没有其他对称分量。将上述三组对称分量相加，一般情况下可以得到一组同频率的不对称三相正弦量，如图 4-12（d）所示，即

$$\left.\begin{array}{l} \dot{F}_U = \dot{F}_{U0} + \dot{F}_{U1} + \dot{F}_{U2} \\[4pt] \dot{F}_V = \dot{F}_{V0} + \dot{F}_{V1} + \dot{F}_{V2} = \dot{F}_{U0} + a^2\dot{F}_{U1} + a\dot{F}_{U2} \\[4pt] \dot{F}_W = \dot{F}_{W0} + \dot{F}_{W1} + \dot{F}_{W2} = \dot{F}_{U0} + a\dot{F}_{U1} + a^2\dot{F}_{U2} \end{array}\right\} \tag{4-30}$$

以 $\dot{F}_U$、$\dot{F}_V$、$\dot{F}_W$ 为已知量，联立求解式（4-30），可得 U 相的三种对称分量

$$\dot{F}_{U0} = \frac{1}{3}(\dot{F}_U + \dot{F}_V + \dot{F}_W)$$

$$\dot{F}_{U1} = \frac{1}{3}(\dot{F}_U + a\dot{F}_V + a^2\dot{F}_W) \tag{4-31}$$

$$\dot{F}_{U2} = \frac{1}{3}(\dot{F}_U + a^2\dot{F}_V + a\dot{F}_W)$$

由以上分析可知，任意一组同频率的不对称三相正弦量（如电压或电流）都可以据式（4-31）分解为三种不同的对称正弦量：正序对称分量、负序对称分量和零序对称分量，也就是可以把一组不对称三相正弦量看成三组不同的对称三相正弦量的叠加。这三组对称三相正弦量叫做原来一组不对称三相正弦量的对称分量。反之，已知三组频率相同但相序不同的对称分量，也可以应用式（4-30）把它们相加得到一组不对称的同频率正弦量。

引入对称分量之后，可将不对称三相电路中的电压或电流分解为三组对称分量，即化为三组对称电路分别进行计算，然后把计算结果叠加，求出实际的未知量。故对称分量的引入为不对称三相电路的分析计算提供了一种有效的途径，称为对称分量法。对称分量法在三相电机不对称运行和电力系统故障分析时，得到广泛应用。

二、三相制的对称分量的一些性质

不对称三相正弦量的对称分量中，除正序分量外，负序分量和零序分量不一定都有。

在三相三线制电路中，不管电路是否对称，不管负载是星形还是三角形连接，三个线电流之和恒为零，由式（4-31）可知，$\dot{I}_{U0} = \frac{1}{3}(\dot{I}_U + \dot{I}_V + \dot{I}_W) = 0$，所以三相三线制电路的线电流中不含零序对称分量。如果三相三线制电路的线电流不对称，就可以认为是含有负序对称分量的缘故。

在三相四线制电路中，因为中性线电流等于三个线电流之和，而三个正序对称分量之和为零、三个负序对称分量之和也为零，即 $\dot{I}_N = \dot{I}_{U0} + \dot{I}_{V0} + \dot{I}_{W0}$，而 $\dot{I}_{U0} = \dot{I}_{V0} = \dot{I}_{W0}$，所以中性线电流等于线电流的零序分量的三倍，故 $\dot{I}_N = 3\dot{I}_{U0}$。

不论电路是三相三线制还是三相四线制，因为三个线电压之和为零，所以线电压中不含零序分量。如果线电压不对称，就可以认为是含有负序分量的缘故。

另外，一组不对称三相正弦量中，某一相的量为零，其各序对称分量不一定都为零。

技能训练　三相负载的星形连接

一、训练目的

(1) 学会使用三相调压器。

(2) 熟练测量三相对称星形负载的线（相）电压、线（相）电流。

(3) 观察负载中性点位移现象，理解中性线的作用。

(4) 观察三相星形负载的故障情况，初步学习故障的分析判断方法。

二、实训设备与仪器

(1) 三相调压器，1 台。

(2) 三相实验用灯箱，1 只。

(3) 万用表，1 只。

(4) 交流电流表，1 只。

(5) 电流插头及导线，若干。

三、实训原理与说明

1. 三相对称星形负载

当三相对称负载星形连接时，线电压 U_l 等于相电压 U_p 的 $\sqrt{3}$ 倍，即 $U_l=\sqrt{3}U_p$。线电流等于相电流，即 $I_l=I_p$。此时中性线电流 $I_{N'N}=0$，即中性线上没有电流通过，因此可以不用中性线。

2. 三相不对称星形负载

当三相星形连接的负载不对称时，若采用三相四线制即有中性线时，$U_{N'N}=0$。各相负载承受的电压就是对应的电源各相电压，因此是对称的，但由于负载各相阻抗不相等，则各相负载电流不对称，中性线电流 $I_{N'N}\neq0$。若采用三相三线制，即没有中性线时，负载中性点 N′ 与电源中性点 N 间出现了电位差 $U_{N'N}\neq0$，即产生了负载中性点位移。这时负载各相电压不对称，造成负载中有的相电压过高，有的相电压则过低，使整个三相电路不能正常工作，甚至造成事故。因此不对称负载星形连接时必须使用中性线。此时中性线的作用是：使三相不对称星形连接的负载保持负载中性点 N′ 与电源中性点 N 等电位，避免出现中性点位移，以保证负载三相电压的对称。

3. 三相对称星形负载发生一相断路

(1) 有中性线（如图 4-13 所示）时，由于 $U_{N'N}=0$，$I_{N'N}\neq0$，所以负载各相电压为

$$U_{U'N'}=U_{UN}$$
$$U_{V'N'}=U_{VN}$$
$$U_{W'N'}=U_{WN}$$

(2) 无中性线［如图 4-14 (a) 所示］时，中性点 N′ 位移到 $\dot{U}_{V'W'}$ 的中点上［如图 4-14 (b) 所示］，此时有

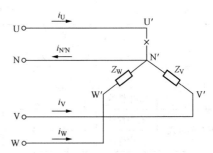

图 4-13　三相对称星形负载一
相断路（有中性线）

$$U_{N'N} = \frac{1}{2}U_{UN} = \frac{1}{2}U_p$$

$$U_{U'N'} = \frac{3}{2}U_{UN} = \frac{3}{2}U_p$$

$$U_{V'N'} = \frac{1}{2}U_{VW} = \frac{1}{2}U_l$$

$$U_{W'N'} = \frac{1}{2}U_{WV} = \frac{1}{2}U_l$$

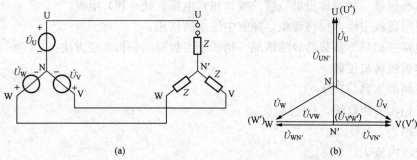

(a)　　　　　　　　　　　　　(b)

图 4-14　三相对称星形负载一相断路（无中性线）

即中性点位移电压为原对称相电压有效值的一半，U 相断路电压为原对称相电压有效值的一倍半，V、W 两相负载电压由原来的对称相电压下降为线电压有效值的一半。

四、训练内容与操作步骤

1. 三相对称星形负载的电压、电流测量

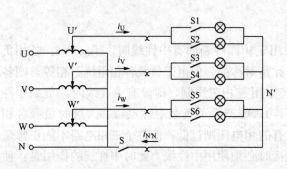

图 4-15　三相负载星形连接实验接线图

（1）按图 4-15 连接线路。调节三相调压器使输出端获得线电压 $U_l = 220\text{V}$。合上开关 S 和 S1→S6，测量对称星形负载在三相四线制（有中性线）时的各线电压、相电压、相（线）电流和中性线电流，记入表 4-1 中。

（2）打开开关 S，测量对称星形负载在三线制（无中性线）时的各线电压、相电压、相（线）电流和中性点位移电压，记入表 4-1 中。

表 4-1　　　　　　　　　　三相星形负载的电压、电流

分类 \ 项目		线电压/V			相电压/V			相（线）电流/A			中性线电流 $I_{N'N}$/A	中性点位移电压 $U_{N'N}$/V
		U_{UV}	U_{VW}	U_{WU}	$U_{U'N}$	$U_{V'N}$	$U_{W'N}$	I_U	I_V	I_W		
对称负载	有中性线											
	无中性线											
不对称负载	有中性线											
	无中性线											
U 相断路	有中性线											
	无中性线											

2. 三相不对称星形负载的电压、电流测量

(1) U 相一只白炽灯断开（S1 打开），测量不对称星形负载在四线制时的各线电压、相电压、相（线）电流和中性线电流，记入表 4-1 中。

(2) 打开开关 S，测量不对称星形负载在三线制时的各线电压、相电压、相（线）电流和中性点位移电压，记入表 4-1 中。

3. 三相对称星形负载故障分析

(1) 三相对称星形负载，将 U 相断路（S1、S2 打开），测量四线制时的各线电压、相电压、相（线）电流和中性线电流，记入表 4-1 中。

(2) 上述电路中，打开开关 S，测量三线制 U 相断路时的各线电压、相电压、相（线）电流和中性点位移电压，记入表 4-1 中。

五、注意事项

(1) 三相交流电路实验是强电实验，必须严格遵守安全操作规程。

(2) 三相调压器有不同的种类，根据它的面板图，认清输入端、输出端及中性点。实验时，根据三相调压器的面板图，将输入端接成星形连接，输出端由手柄可调出所需电压值。

六、报告与结论

请根据表 4-1 中的实验数据进行以下分析。

(1) 三相对称负载星形连接时，相电压与线电压关系、相电流与线电流关系以及线电流与中性线电流关系，并作出实验结论。

(2) 比较不对称星形负载、一相断路等情况在采用 Y0 连接和 Y 连接时对电路的不同影响，说明中性线的作用。

本 章 小 结

一、对称三相正弦量

三个频率相同，有效值相等而相位互差 $120°$ 的正弦电压（或电流）称为对称的三相正弦量。

二、三相电路中的相（线）电压、相（线）电流

1. 相电压和线电压

端线与中性线间的电压称为相电压，记为 $\dot{U}_U$、$\dot{U}_V$、$\dot{U}_W$。端线与端线间的电压称为线电压，线电压记为 $\dot{U}_{UV}$、$\dot{U}_{VW}$、$\dot{U}_{WU}$。三相对称电源 Y 连接时，线电压对称，且线电压的有效值为相电压的 $\sqrt{3}$ 倍，相位超前于相应的先行相电压 $30°$。

2. 相电流和线电流

流过端线的电流称为线电流，流过各相电源或负载上的电流称为相电流。对称负载三角形连接时，相电流对称，线电流也对称，且线电流有效值等于相电流的 $\sqrt{3}$ 倍，相位滞后于相应的后续相电流 $30°$。

3. 中性线电流

流过中性线的电流称为中性线电流。

三、三相电路的功率

对称三相电路中，总有功功率、无功功率、视在功率和功率因数分别为

$$P=\sqrt{3}U_lI_l\cos\varphi=3U_pI_p\cos\varphi$$

$$Q=\sqrt{3}U_lI_l\sin\varphi=3U_pI_p\sin\varphi$$

$$S=\sqrt{P^2+Q^2}=\sqrt{3}U_lI_l=3U_pI_p$$

$$\lambda=\frac{P}{S}=\cos\varphi$$

习 题 四

一、填空题

4-1 _____之间的电压称为线电压；每相电源绕组或负载两端的电压称为_____，在星形连接时相电压的参考方向习惯选择为_____指向_____，在三角形连接时其参考方向和相应的电源线电压方向相同。

4-2 已知星形连接的正序对称三相电源中 $u_{VW}=220\sqrt{2}\sin(\omega t-60°)\,\text{V}$，则 $u_{UV}=$ _____，$\dot{U}_{WU}=$ _____。

4-3 每相_____相等的负载称为对称负载。每相线路_____相等的输电线称为对称线路，_____对称、_____对称、_____对称的三相电路称为三相对称电路。

4-4 一台三相发电机绕组作星形连接但 U 相接反了，若测得相电压 $U_U=U_V=U_W=220\text{V}$，则线电压应为_____。

4-5 已知一台国产 300 000kW 的汽轮发电机定子绕组为丫连接，其在额定状态运行时，线电压为 18kV，功率因数为 0.85，则该发电机在额定状态运行时的线电流＝_____，输出的无功功率＝_____。

4-6 三相四线制中中性线的作用是_____。

4-7 某对称三相负载接成星形时三相总有功功率为 1000W，而将负载改接为三角形其他条件不变，则此时三相总有功功率为_____。

4-8 同一对称电源给一对称三相负载供电，负载作星形和三角形连接两种情况下，负载相电流关系是_____，线电流关系是_____。

二、选择题

4-9 对称三相电路功率的计算公式 $P=\sqrt{3}U_lI_l\cos\varphi$ 中的 φ 是指（　　）。

A. 线电压与线电流的相位差

B. 相电压与相电流的相位差

C. 线电压与相电流的相位差

4-10 每相额定电压为 220V 的一组不对称三相负载，欲接上线电压为 380V 的对称三相电源，负载应作（　　）连接才能正常工作。

A. 星形有中性线　　　B. 星形无中性线　　　C. 三角形

4-11 下列结论中正确的是（　　）。

A. 负载作三角形连接时，线电流必为相电流的 $\sqrt{3}$ 倍

B. 在三相三线制电路中，无论负载何种接法，也不论三相电流是否对称，三相线电流

之和总为零

C. 三相负载作三角形连接时，若测出三相相电流相等，则三个线电流也必然相等

4-12 三相四线制供电线路的中性线上不准安装开关和熔断器的原因是（ ）。

A. 中性线上无电流，熔体烧不断

B. 开关接通或断开时对电路无影响

C. 开关断开或熔体熔断后，三相不对称负载将承受三相不对称电压的作用，无法正常工作，严重时会烧毁负载

D. 安装开关和熔断器降低了中线的机械强度

4-13 每相额定电压为380V的一组对称三相负载，欲接上线电压为380V的对称三相电源，负载应作（ ）连接才能正常工作。

A. 星形有中性线　　B. 星形无中性线　　C. 三角形

4-14 在Y形连接的正序对称三相电压源中，如已知 $\dot{U}_{UV}=100\sqrt{3}\angle 60°$V，则 $\dot{U}_V=$（ ）。

A. $100\angle 90°$V　　B. $300\angle -60°$V　　C. $100\angle -90°$V

三、分析计算题

4-15 对称三相负载每相复阻抗 $Z=(80+j60)\Omega$，电源线电压有效值为380V。计算负载分别接成Y形和△形时三相电路总的有功功率 P 和无功功率 Q。

4-16 在如图4-16所示的对称三相正弦电路中，$\dot{U}_{UN}=220\angle 0°$V，$Z=(6+j8)\Omega$，试求：

(1) 此图中三相负载是什么接法？

(2) Z 两端承受的是电源的线电压还是电源的相电压？

(3) 求电流 $\dot{I}_U$、$\dot{I}_V$、$\dot{I}_W$、$\dot{I}_N$，并绘出相量图。

4-17 图4-17所示电路中，每相复阻抗 $Z=100+j75\Omega$ 的对称负载接到线电压为380V的对称三相电源，试求：

(1) 此图中负载是什么接法？

(2) Z_{UV} 两端的电压多大？

(3) 设 $\dot{U}_U$ 为参考正弦量，电流 $\dot{I}_{UV}$、$\dot{I}_U$ 为何值？

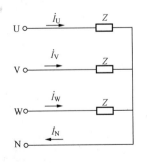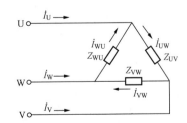

图4-16 习题4-16图　　　　图4-17 习题4-17图

4-18 对称三相电路如图4-18所示，如开关S1合上，S2打开时，电流表PA1的读数为5A，试求此时电流表PA2、PA3的读数。

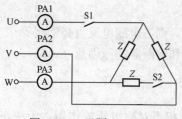

图 4-18 习题 4-18 图

4-19 某三相对称电路负载的功率为 5.5kW，三角形连接后接在线电压为 220V 的三相电源上，测得线电流为 19.5A。求：

（1）负载相电流、功率因数、每相复阻抗 Z。

（2）若将该负载改为Y形连接，接至线电压为 380V 的三相电源上，则负载的相电流、线电流、吸收的功率各为多少？

第 五 章

磁 路 和 变 压 器

工程中实际应用的各种电机、变压器和电工仪表中，存在着电与磁的相互作用与转化，不仅有电路的问题，还有磁路的问题，因此有必要研究磁路的基本知识和基本定律。本章先复习磁场的基本知识和铁磁性物质的特性，在此基础上，讨论磁路的基本定律和交流铁芯线圈电路，最后介绍变压器的基本结构、原理和运行特性。

【知识目标】

（1）理解磁场中的基本物理量即磁感应强度、磁通、磁场强度和磁导率等的物理意义。

（2）熟悉铁磁性物质的起始磁化曲线、磁滞回线和基本磁化曲线，掌握其磁化特性。

（3）建立磁路、磁位差、磁通势及磁阻的概念，掌握磁路的欧姆定律。

（4）掌握交流铁芯线圈中电压与磁通的关系，理解铁芯饱和对电流及磁通的影响，了解交流铁芯线圈中的功率损耗及其减小措施。

（5）了解变压器的基本构造型式，掌握单相变压器的工作原理。

（6）理解变压器的外特性、电压变化率及变压器效率的概念，熟悉变压器的主要额定值。

【技能目标】

学会单相变压器绕组同名端的测量方法。

课题一　磁场的基本知识

一、磁场及其基本物理量

实验表明，在载流导体或永久磁铁的周围有磁场存在。电磁场理论研究证明，产生磁场的根本原因是电流。磁路是限定在一定路径范围内的磁场，所以分析研究磁路首先应熟悉描述磁场的几个基本物理量，即磁感应强度、磁通、磁导率和磁场强度等。

1. 磁感应强度 B

磁感应强度 B 是描述介质中某一点磁场强弱及方向的物理量，它是一个矢量。

磁场对处在其中的载流导体有电磁力的作用，磁感应强度 B 的大小等于与磁场方向垂直的载流导体所受到的电磁力 F 与导体中电流 I 和导体有效长度 l 乘积的比值，即

$$B = \frac{F}{Il} \tag{5-1}$$

式中：F 的 SI 单位是 N（牛顿）；I 的 SI 单位是 A（安培）；l 的 SI 单位是 m（米）；B 的 SI 单位是 T（特斯拉，简称特）。B 值越大，磁场越强。一般永久磁铁的磁感应强度 B 为 $0.2 \sim 0.7$T，电机和变压器铁芯的 B 为 $0.8 \sim 1.7$T。

为形象描述磁场的分布状况，引入了磁感应线（又称磁力线）。磁力线总是闭合的空间曲线，其疏密表征了磁场的强弱，即磁力线越密的地方表示该处磁感应强度 B 越大，磁场越强；磁场中某点 B 的方向与该点磁力线切线的方向一致，与产生该磁场的电流方向之间符合右螺旋定则。

2. 磁通 Φ

磁感应强度矢量 B 的通量称为磁通 [量]，用符号 Φ 表示。磁感应强度 B 反映了磁场中某点的情况，磁场中某个面上的磁场分布情况可用磁通 Φ 表示。

磁感应强度处处为 B 的均匀磁场中，B 与通过垂直于磁场方向的面积 S 的磁通 Φ 之间关系为

$$\Phi=BS \quad \text{或} \quad B=\frac{\Phi}{S} \tag{5-2}$$

可见，当面积一定时，磁感应强度 B 越大，磁通 Φ 就越大，即穿过该面积的磁力线越多，所以磁通又可以用通过某一面积上的磁力线总数来表示。而 B 在数值上等于与磁场方向垂直的单位面积上通过的磁通，故 B 又称为磁通密度。

磁通 Φ 的 SI 主单位为 Wb（韦伯），工程上常用 Mx（麦克斯韦），两者的关系是 $1\text{Mx}=10^8\text{Wb}$。

3. 磁导率 μ

磁场中磁感应强度 B 的大小除了与产生它的电流及导体的几何尺寸有关外，还与周围空间介质的导磁性能有关。

磁导率 μ 是用来描述物质导磁性能的物理量，磁导率大的物质导磁性能好，磁导率小的物质导磁性能差。在同一电流作用下，物质的 μ 越大，则导体周围空间同一点的磁感应强度就越大，磁场越强；反之，若 μ 越小，同一点的磁场就越弱。μ 只取决于物质本身，μ 的 SI 主单位为 H/m（亨/米）。

实验表明，真空的磁导率 μ_0 是一个常数，其值为

$$\mu_0=4\pi\times10^{-7}\text{H/m} \tag{5-3}$$

通常把真空的磁导率作为比较基准，定义物质的磁导率与真空磁导率的比值为物质的相对磁导率，用 μ_r 表示，即

$$\mu_r=\frac{\mu}{\mu_0} \tag{5-4}$$

自然界的物质根据其导磁性能强弱可分为两大类：一类是空气、铝、铜等物质，此类物质的导磁性能很差，其 $\mu_r\approx1$、$\mu\approx\mu_0$ 是一个常数，我们称其为非铁磁性物质或非磁性物质；而另一类如铁、钴、镍及其合金等，此类物质的导磁性能很强，$\mu_r\gg1$ 可达数百上千甚至上万，$\mu\gg\mu_0$ 且不是常数，我们称其为铁磁性物质或磁性物质。铁磁性物质的 μ_r 很大，如硅钢片 $\mu_r=6000\sim8000$，而坡莫合金在弱磁场中 $\mu_r\approx10^5$。

铁磁性物质因其强导磁性成为制造变压器、电机等电气设备铁芯的主要材料，后面会详细讨论其特性。

4. 磁场强度 H

磁场强度 H 是为简化磁场的分析计算而引入的一个辅助物理量，和磁感应强度 B 一样，H 仍用于描述磁场的强弱和方向，但略去了磁介质的影响。

定义磁场中某一点磁场强度 H 的大小等于该点的磁感应强度 B 与介质磁导率 μ 的比值，即

$$H=\frac{B}{\mu} \tag{5-5}$$

磁场强度 H 也是矢量，它的方向与该点磁感应强度 B 的方向一致。但磁场强度只与产生磁场的电流以及这些电流的分布情况有关，而与磁介质的导磁性能无关，H 的 SI 主单位为 A/m（安/米）。

二、铁磁性物质及其磁化性质

（一）铁磁性物质的磁化

原本不显磁性的物质，由于受到外磁场的作用而具有磁性的现象叫做磁化。产生外磁场的电流称为磁化电流或励磁电流，是铁磁性物质被磁化的外因，而铁磁性物质内部特殊的磁畴结构则是其被磁化的内因。

铁磁性物质内部由许多磁性小区域即磁畴组成，在无外磁场作用时，磁畴排列杂乱无章，如图 5-1（a）所示，磁性相互抵消，物质整体对外不显磁性；当受到一定强度外磁场作用时，磁畴将顺着外磁场方向规则排列，如图 5-1（b）所示，形成一个与外磁场同方向的附加磁场，附加磁场使铁磁性物质内部的磁感应强度 B 大大增强，物质对外显示出强磁性，即物质被磁化了。

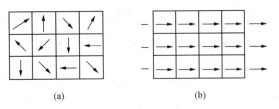

图 5-1 铁磁性物质的磁化

(a) 无外磁场时；(b) 有外磁场时

非铁磁性物质因内部没有磁畴结构而不能被磁化。

铁磁性物质是电工设备中构成磁路的主要材料，下面通过铁磁性物质的磁化曲线来讨论其磁化性质。

（二）铁磁性物质的磁化曲线

所谓磁化曲线，是指物质内部的磁感应强度 B 随外磁场强度 H 变化而变化的关系曲线，又叫 B-H 曲线。由于外磁场强度 H 由产生外磁场的电流决定，而介质内磁感应强度 B 相当于电流在真空中产生的磁场和物质磁化后产生的附加磁场的叠加，所以 B-H 曲线可反映物质的磁化性质。

非铁磁性物质的 $B=\mu_0 H$，其 B-H 曲线为一直线，如图 5-2 中的虚线所示。

1. 起始磁化曲线

从 $B=0$、$H=0$ 开始单方向逐渐增大磁化电流使铁磁性物质被磁化，所绘制出的 B-H 曲线即为起始磁化曲线，如图 5-2 中的 $B(H)$ 线所示。由图可见起始磁化曲线为非线性的，这是因为铁磁性物质的磁导率 μ 不是常数，它要随外磁场强度 H 的变化而变化。

从起始磁化曲线看单向磁化过程可分四个阶段。在曲线的 0a 段即外磁场强度 H 较小的情况下，铁磁性物质中的磁感应强度 B 随着 H 的增大而增大，不过增加较慢；但 a 点以后，随着外磁

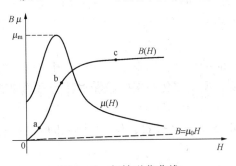

图 5-2 起始磁化曲线

场强度 H 的继续增大，铁磁性物质中的磁感应强度 B 几乎呈线性急剧增大到 b 点，b 点称为膝点；之后，随着 H 的增加，B 的增加速度明显减慢，如曲线的 bc 段；而 c 点以后再增大 H，铁磁性物质中的磁感应强度 B 几乎不再增加，与空气等非铁磁性物质一样，这表明铁磁性物质在磁化过程中具有磁饱和性，c 点就叫做饱和点。上述铁磁性物质起始磁化曲线的特点可用磁畴理论加以说明。

铁磁性物质的磁导率 μ 随外磁场强度 H 变化的关系曲线——$\mu-H$ 曲线如图 5-2 中的 $\mu(H)$ 曲线所示，开始阶段 μ 较小，随着 H 的增大 μ 达到最大值 μ_m，以后又减小，并逐渐趋为 μ_0。

电机、变压器等电气设备的铁芯主要为利用铁磁性物质的高导磁性，所以工作点通常选在膝点 b 附近。此时的磁导率 μ 接近最大，绕组通入较小的励磁电流即可获得足够强的磁场。

2. 磁滞回线

电气设备中的铁芯在工作中常受到反复交变磁化。铁磁性物质在交变磁场中被反复磁化时所得到的 $B-H$ 曲线，称为磁滞回线，如图 5-3 所示。

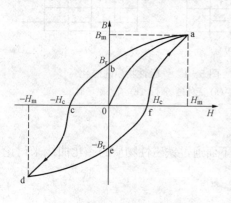

图 5-3 磁滞回线

当外磁场强度 H 由零增加到 $+H_m$ 后，铁磁性物质被磁化到饱和状态，对应的磁感应强度为 B_m（如图 5-3 中 a 点），然后减小外磁场强度 H，此时铁磁性物质内的磁感应强度 B 由 B_m 沿着比起始磁化曲线稍高的曲线 ab 下降，尤其 H 降为零时 B 不等于零。这种 B 的变化滞后于 H 变化的现象叫做磁滞现象，简称磁滞。其原因是外磁场消失后物质内已经按一定方向规则排列的磁畴不能完全恢复到磁化前的状态。铁磁性物质由于磁滞，在外磁场强度减小到零时所保留着的磁感应强度，如图 5-3 中的 B_r，叫做剩余磁感应强度，简称剩磁。永久磁铁就是利用剩磁原理制作而成的。

要消去剩磁，需将铁磁性物质反向磁化，当 H 由零反向增加到 $-H_c$ 时，物质内的磁感应强度 B 降为零，如图 5-3 中的 c 点，对应的 H_c 叫做矫顽磁场强度，简称矫顽力，它的大小反映了铁磁性物质保存剩磁的能力。当 H 继续反向增加到 $-H_m$，物质被反向磁化到饱和点 d，磁感应强度达到负的最大值 $-B_m$。而当外磁场强度 H 由 $-H_m$ 又减小到零时，$B-H$ 曲线沿 d-e 变化。H 再由零正向增加到 H_m 时，$B-H$ 曲线沿 e-f-a 重新回到 a 点完成一个循环。这样，铁磁性物质在外磁场强度从 $+H_m$ 到 $-H_m$ 间变化时反复被磁化，所得到的 $B-H$ 曲线就是近似对称于原点的闭合曲线 abcdefa，故称磁滞回线。

铁磁性物质在反复交变磁化过程中，由于内部磁畴的反复转向发生相互摩擦和碰撞，使物质发热而造成的能量损耗叫做磁滞损耗。可以证明，反复磁化一次的磁滞损耗与磁滞回线的面积成正比。

按照磁滞回线形状的不同，铁磁性物质大致可分为软磁材料、硬磁材料和矩磁材料三类。

软磁材料的磁滞回线狭长 [如图 5-4（a）所示]，剩磁及矫顽力都较小，磁滞现象不显著，磁性在没有外磁场时基本消失。常用的软磁材料有硅钢片、铸钢、铸铁和纯铁等，这类材料磁导率高，磁滞损耗较小，易磁化也易去磁，一般用于有交变磁场的场合，如制作电机、变压器及各种中、高频电磁元件的铁芯。

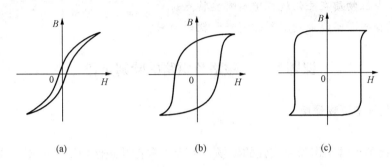

图 5-4 几种铁磁材料的磁滞回线
(a) 软磁材料；(b) 硬磁材料；(c) 矩磁材料

硬磁材料的磁滞回线较短而宽［如图 5-4 (b) 所示］，剩磁及矫顽力都较大，磁滞现象显著。常用的硬磁材料有碳钢、钴钢、钨钢及铬、钨、钴、镍等的合金。这类材料的磁滞损耗较大，不易磁化也不易去磁，常用来制作永久磁铁。

矩磁材料的磁滞回线近似于矩形［如图 5-4 (c) 所示］，剩磁很大，接近饱和磁感应强度，即去掉外磁场后磁性仍保持饱和状态，但矫顽力较小且易于翻转，加反向磁场时能从正向饱和马上跳变为反向饱和。常见的矩磁材料主要有锰镁铁氧体和锂锰铁氧体，这类材料在磁化时只有正向饱和和反向饱和两种稳定状态，常用来制作开关元件、记忆元件和储存元件等。

3. 基本磁化曲线

同一铁磁性物质在取不同 H_m 值的交变磁场中反复磁化时，可绘制出一系列不同的磁滞回线，如图 5-5 中的虚线所示。连接原点和各条磁滞回线正向顶点的曲线称为基本磁化曲线，又叫平均磁化曲线，如图 5-5 中的实线所示。

由于软磁材料的磁滞回线狭窄，近似与基本磁化曲线重合，所以在磁路计算时可用软磁材料的基本磁化曲线代替磁滞回线，而对于一定的铁磁性物质其基本磁化曲线是比较固定的，工程中给出的各种铁磁性物质的磁化曲线都是基本磁化曲线。但需得到剩磁 B_r 以及矫顽力 H_c 的量值时，仍应从对应磁滞回线上确定。

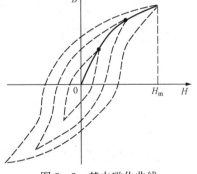

图 5-5 基本磁化曲线

有时也用表格的形式给出铁磁性物质的基本磁化曲线对应的数据，这样的表格称为磁化数据表，这些曲线或数据表通常可以在产品目录或手册上查到。

综上所述，铁磁性物质在磁化过程中主要表现出高导磁性、磁饱和性和磁滞性，并且导磁性能和物质的磁化进程有关。

1. 说明磁感应强度、磁通、磁场强度和磁导率的物理意义、相互关系和 SI 主单位。
2. 简析铁磁性物质在磁化过程中有哪些特点。
3. 如何根据磁滞回线来判别硬磁材料和软磁材料?

课题二   磁路及磁路的欧姆定律

一、磁路及其主要物理量

1. 磁路

很多电气设备正常工作需要较强的磁场,工程中常将铁磁性物质做成闭合或近似闭合的环路即铁芯。这样绕在铁芯上的线圈通以较小的励磁电流便能得到较强的磁场,并且磁场差不多约束在限定的铁芯范围之内。即磁通绝大部分经铁磁性物质构成的路径而闭合,而周围非铁磁性物质(空气等)中的磁场则很微弱。这种约束在限定铁芯范围内的磁场称为磁路,磁路是磁通集中通过的路径。

图 5-6 所示为几种常见的电气设备的磁路。若整个磁路由一种铁磁性物质构成,并且各段磁路的横截面积处处相等,则这样的磁路属于均匀磁路。但磁路也可由几种不同的铁磁性物质构成,且磁路中各段的横截面积也可能不同,有时还有很短的空气隙存在,这样的磁路都属于不均匀磁路,实际磁路大多数属于不均匀磁路。

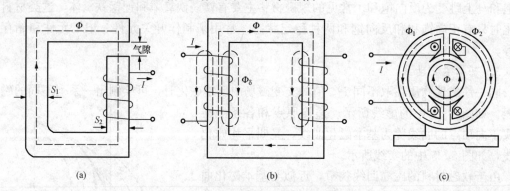

图 5-6   几种常见电气设备的磁路

(a)继电器的磁路;(b)芯式变压器的磁路;(c)直流电机的磁路

2. 主磁通和漏磁通

通过磁路的磁通可以分为两部分,绝大部分通过铁芯(包括气隙)构成的磁路而闭合的磁通称为主磁通,用 Φ 表示;另一小部分穿出铁芯,经过磁路周围非铁磁性物质(空气等)而闭合的磁通称为漏磁通,用 Φ_δ 表示,如图 5-6(b)所示。理想情况下常将漏磁通忽略,同时选铁芯的几何中心闭合线作为主磁通的路径。

3. 磁通势和磁位差

据电磁场理论,磁场是由电流产生的,把线圈中通过的励磁电流 I 和线圈匝数 N 的乘积定义为磁路的磁通势,又叫做磁动势,用大写字母 F 表示,即

$$F=NI \tag{5-6}$$

　　磁通势是磁路中产生磁通的根源，磁通势越大，产生的磁通就越多，磁场就越强。磁通势的 SI 单位和电流一样是 A（安培），也常用安匝表示。

　　而某一段磁路的磁场强度 H 与该段磁路平均长度 l 的乘积则叫做该段磁路的磁位差，又叫磁压，用 U_m 表示，即

$$U_m = Hl \tag{5-7}$$

磁位差的 SI 单位也是 A（安培）。可以证明任何一段闭合磁路中磁位差的代数和等于磁通势的代数和。

　　4. 磁阻

　　和电路中的电阻类似，磁阻表征磁通通过磁路时所受到的阻碍作用，用 R_m 表示。磁阻的大小与磁路的有效长度 l 成正比，与磁路的截面积 S 成反比，与磁路介质的磁导率 μ 成反比，即

$$R_m = \frac{l}{\mu S} \tag{5-8}$$

磁阻 R_m 的 SI 单位为 1/H（1/亨）。

　　非铁磁性物质（如空气等）的磁导率为常量，故其磁阻也是常量。铁磁性物质的磁导率随工作状态而变化，故铁芯磁路的磁阻是变化的，类似于电路中的非线性电阻。

二、磁路的欧姆定律

　　如图 5-7 所示的一段由磁导率为 μ 的材料构成的均匀磁路，其横截面积为 S，长度为 l，磁路中磁通为 Φ，则该段磁路的磁位差（或称为磁压）

$$U_m = Hl = \frac{B}{\mu} \times l = \frac{l}{\mu S} \times \Phi \tag{5-9}$$

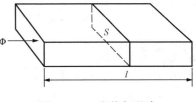

图 5-7　一段均匀磁路

式中：$R_m = \dfrac{l}{\mu S}$ 即为该段磁路的磁阻，所以有

$$U_m = R_m \Phi \tag{5-10}$$

　　式（5-10）在形式上与电路的欧姆定律相似，是一段磁路磁通与磁位差间的约束关系，称为磁路的欧姆定律。因铁磁性物质的磁阻是变量，故一般情况下磁路的欧姆定律只用于对磁路作定性分析，而不能直接用来进行磁路的计算。

三、磁路与电路比较

　　1. 磁路与电路的相似之处

　　以上分析表明，磁路与电路有许多相似之处，这不仅表现在描述它们的物理量相似，而且还表现在反映这些物理量之间约束关系的基本定律也相似。磁路中的磁通与电路中的电流相似，磁路中的磁位差、磁通势分别与电路中的电压（电位差）、电动势相似，磁阻与电阻的相似性更是不言而喻。此外，电路中欧姆定律约束了电压与电流的关系，磁路的欧姆定律也约束了磁压与磁通的关系。

　　2. 磁路与电路的区别

　　除前述相似性以外，磁路与电路也有一些本质的区别。例如磁通只是描述磁场的物理量，并不像电流那样表示带电质点的运动，它通过磁阻时，也不像电流通过电阻那样要消耗功率，因而不存在与电路中焦耳定律类似的磁路定律。此外，当电路开路时，即使有电动势也没有电流，而磁路没有开路运行状态，只要有磁通势就会有磁通存在，即使磁通势为零，

也可能有剩磁通存在。

掌握了磁路与电路的相似之处和区别所在，有利于对磁路的理解和分析。磁路与电路的对应关系见表 5 - 1。

表 5 - 1　　　　　　　　　　　　　　磁路与电路的对应关系

磁　　路	电　　路
磁通势 $F = NI$（A）	电动势 E（V）
磁压 $U_m = Hl$（A）	电压 $U = IR$（V）
磁通 Φ（Wb）	电流 I（A）
磁阻 $R_m = \dfrac{l}{\mu S}\left(\dfrac{1}{H}\right)$	电阻 $R = \rho \dfrac{l}{S} = \dfrac{l}{\gamma S}$（Ω）
磁导率 μ（H/m）	电阻率 ρ（Ω·m）$\left(\text{电导率 } \gamma = \dfrac{1}{\rho}\right)$
磁路的欧姆定律 $\Phi = \dfrac{U_m}{R_m}$	电路的欧姆定律 $I = \dfrac{U}{R}$

思考与讨论

1. 两个形状、大小和匝数完全相同的环形螺管线圈，一个用塑料（非铁磁性物质）做芯子，另一个用铁芯。当两线圈均通以大小相等的电流时，试比较两个线圈中 B、Φ 和 H 的大小。

2. 磁阻大小与哪些因数有关？

3. 空心线圈的电感是常数吗？为什么？铁芯线圈的电感呢？

课题三　交流铁芯线圈

含有铁芯的线圈称为铁芯线圈。据线圈中通入的励磁电流是直流还是交流，铁芯线圈又分为直流铁芯线圈和交流铁芯线圈。

直流激励下的铁芯线圈产生的磁通是恒定的，在线圈和铁芯中不会产生感应电动势，如线圈电压一定，则线圈电流取决于线圈本身的电阻，而与磁路情况无关。磁通则由磁通势和磁路的磁阻决定，且铁芯中没有功率损耗。

正弦激励下的铁芯线圈由于励磁电流是交变的，产生的磁通也是交变的，因而要在线圈和铁芯中产生感应电动势，所以线圈中的电压、电流关系与磁路有关；并且交变的磁通使铁芯交变磁化，致使铁芯中产生功率损耗（称为磁损耗）。

交流铁芯线圈是变压器、交流电机和其他交流电工设备中的基本结构，本节着重讨论交流铁芯线圈的电磁关系、波形畸变和功率损耗。

一、交流铁芯线圈的电磁关系

图 5 - 8 所示为一交流铁芯线圈，线圈等效电阻为 R，匝数为 N。当接通电压为 u 的正

弦交流电源时，线圈中有交变励磁电流 i 通过，于是在交变磁通势 Ni 的作用下产生交变的磁通，其绝大部分通过铁芯而闭合，称为主磁通 Φ，也有极少部分穿出铁芯经附近空气而闭合即为漏磁通 Φ_δ。两种交变磁通都将在线圈中产生感应电动势，分别为主磁电动势 e 和漏磁电动势 e_δ，各物理量参考方向如图 5-8 所示。

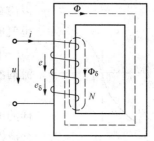

图 5-8 交流铁芯线圈

由基尔霍夫电压定律可得铁芯线圈电路中电压、电流与电动势之间的关系为

$$u = Ri - e - e_\delta \qquad (5-11)$$

如忽略线圈电阻 R 及漏磁通 Φ_δ，令交变的主磁通 $\Phi = \Phi_m \sin\omega t$，当 e、Φ 的参考方向如图 5-8 所示符合右螺旋定则时，据法拉第电磁感应定律可得

$$u = -e = -\left(-N\frac{d\Phi}{dt}\right) = N\frac{d(\Phi_m \sin\omega t)}{dt}$$

$$= \omega N \Phi_m \cos\omega t$$

$$= \omega N \Phi_m \sin(\omega t + 90°) \qquad (5-12)$$

式（5-12）表明，当磁通 Φ 是正弦量时，电压 u 也是正弦量，且电压 u 超前于磁通 Φ 90°。同时由式（5-12）可得电压 u 及感应电动势 e 的有效值与主磁通的最大值 Φ_m 之间的关系为

$$U = E = \frac{\omega N \Phi_m}{\sqrt{2}} = \frac{2\pi f N \Phi_m}{\sqrt{2}} = 4.44 f N \Phi_m \qquad (5-13)$$

它们的相量关系为

$$\dot{U} = -\dot{E} = j4.44 f N \dot{\Phi}_m \qquad (5-14)$$

式（5-13）表明：当电源的频率 f 及线圈的匝数 N 一定时，主磁通的最大值 Φ_m 与线圈电压的有效值 U 成正比关系，而与磁路情况无关。即线圈匝数 N、外加电压的有效值 U 和频率 f 都一定时，铁芯中的主磁通最大值 Φ_m 将保持基本不变。这个结论对于分析变压器、交流电机及电器的工作原理十分重要。而直流铁芯线圈情况则不同，当直流铁芯线圈的电压不变时，电流也不变，如磁路情况改变，则磁通改变。

【例 5-1】 具有可调气隙的铁芯线圈接在正弦电压源上，忽略线圈电阻及漏磁通，若电压有效值不变，而调大气隙，则磁通及励磁电流的大小将如何变化？

解： 由式（5-13）可知，交流铁芯线圈铁芯中主磁通的最大值 Φ_m 只与电源频率、电压有效值及线圈匝数有关，而与磁路情况无关，所以以调大气隙不会改变磁通的大小。

但调大气隙，会使气隙部分的磁阻明显增大，而铁芯部分的磁阻基本不变，整个磁路的磁阻因此明显增大，要维持磁通不变，势必使磁通势和励磁电流增大。

二、正弦电压作用下磁化电流的波形

由于组成磁路的铁芯是铁磁性材料，由磁场的基本知识可知，铁芯具有磁饱和性，在交变磁化过程中还有磁滞性，并且有涡流产生，这都将对线圈中的电流产生影响，使其波形发生畸变，偏离正弦波。

如果忽略铁芯在交变磁化时的磁滞和涡流影响，只考虑铁芯的磁饱和特性，铁芯的 $B-H$ 曲线即是其基本磁化曲线，即磁感应强度 B 与磁场强度 H 之间成非线性的关系。所

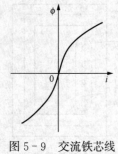

图 5-9　交流铁芯线
圈的 Φ-i 曲线

以磁路中的磁通 Φ（$\Phi=BS$）和线圈中的励磁电流 i（$Ni=Hl$）之间也就成非线性的关系，如图 5-9 所示，与铁芯的基本磁化曲线相似。

下面由此交流铁芯线圈的 Φ-i 关系来讨论正弦电压作用下磁化电流的波形。

当忽略所有的功率损耗时，线圈中的电流仅用于产生磁通，称这样的电流为磁化电流，用 i_M 表示。由前面分析可知，正弦电压作用下交流铁芯线圈中的磁通也是正弦交变的，令 $\Phi=\Phi_m\sin\omega t$，波形如图 5-10（b）中的 Φ 曲线。根据图 5-10（a）中的 Φ-i 曲线，采用逐点描绘的方法可画出电压 u 和磁通 Φ 是正弦波时线圈中的磁化电流 i_M 随时间变化的波形曲线，如图 5-10（b）中的 i_M 曲线。

具体作法是：在 $t=t_1$ 时刻，由图 5-10（b）中 Φ 曲线上点"1"的纵坐标 Φ_1，在图 5-10（a）中 Φ-i 曲线上找出磁通为 Φ_1 的点"1'"，其横坐标为 i_1，i_1 即为 $t=t_1$ 时刻的磁化电流 $i_M(t_1)$。同样的方法可得到一系列不同时刻 t 的磁化电流 $i_M(t)$，最后将各电流点连成 i_M 曲线如图 5-10（b）所示。

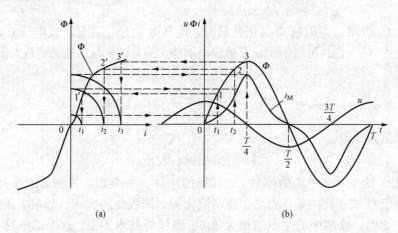

(a)　　　　　　　　　　　　(b)

图 5-10　正弦电压作用下磁化电流的波形
(a) Φ-i 曲线；(b) u、Φ、i 曲线

由图 5-10 可见，当电压、磁通均为正弦波时，电流却是具有尖顶的非正弦波。这种波形畸变显然是由 Φ-i 曲线的非线性所引起的，其实质则是由于铁芯的磁饱和所致。若电源电压越高，则磁通越大，铁芯饱和程度越深，电流波形会畸变得越尖；反之，如果电压和磁通的振幅都较小，铁芯未达饱和，则电流波形将近似于正弦波。

为使电流 i_M 接近正弦波，可以使铁芯工作在非饱和区，在实际工程中铁芯一般工作在接近饱和的区域。

三、交流铁芯线圈的功率损耗

在交流铁芯线圈中，线圈本身的等效电阻 R 上将产生有功损耗 RI^2，称为铜损耗，用 ΔP_{Cu} 表示。同时，铁芯在交变磁化过程中也会产生功率损耗，称为磁损耗，又称铁损耗，用 ΔP_{Fe} 表示。铁损耗包括由于铁磁性物质的磁滞性而产生的磁滞损耗和铁芯内由于涡流的存在而产生的涡流损耗。

1. 磁滞损耗

铁芯在交变磁化过程中，内部的磁畴要随外磁场的方向变化反复转向，相互间产生摩擦和碰撞，使铁芯发热而造成能量损耗即磁滞损耗，用 ΔP_h 表示。可以证明，每交变磁化一周在铁芯的单位体积产生的磁滞损耗与磁滞回线所包围的面积成正比。

为了减小磁滞损耗，一般交流铁芯常采用磁滞回线狭长的软磁材料，如电工硅钢片、冷轧硅钢片和坡莫合金等，如变压器和电机中常采用硅钢作为铁芯材料，其磁滞损耗较小。此外，在设计时适当降低 B_m 值以减小铁芯饱和程度，也是降低磁滞损耗的有效办法之一。

2. 涡流损耗

铁磁材料不仅具有导磁能力，同时也具有导电能力。因而铁芯中的磁通交变时不仅在线圈中产生感应电动势，在铁芯中也会产生感应电动势，从而在铁芯中产生漩涡状的环形电流，称为涡流。涡流在铁芯中垂直于磁场方向的平面内流动，如图 5-11 所示。

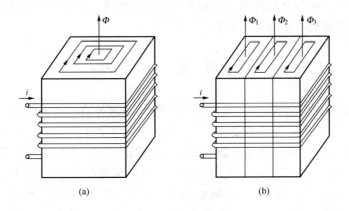

图 5-11 铁芯中的涡流

（a）实心铁芯中的涡流；（b）钢片叠装铁芯中的涡流

铁芯中的涡流会使铁芯发热而消耗能量，这种能量损耗叫做涡流损耗，用 ΔP_e 表示。

对变压器、电机等电气设备而言，涡流是有害的，必须加以限制。因为如果它们的铁芯中存在涡流，一方面会引起大量的能量损耗，降低设备的效率；另一方面会释放大量的热量，使铁芯发热，甚至烧坏设备。为尽量减小涡流及其损耗，一般有以下两种途径。

（1）选用电阻率较高的铁磁性材料作铁芯。常采用掺杂的方法来提高材料的电阻率，如在铁芯中掺入硅使其电阻率大为提高。

（2）采用表面涂有绝缘漆或附有天然绝缘氧化层的薄片叠装而成的叠片铁芯来代替整块铁芯，并使薄片平面与磁力线平行。这样就可以把涡流有效地限制在各薄片内即一些狭长的截面内流动，增大了涡流路径的电阻，从而大大减小了涡流及其损耗，如图 5-11（b）所示。

另一方面，涡流在有的场合也是有用的。例如在冶金、机械生产中用到的高频熔炼、高频焊接以及各种感应加热，都利用了涡流的热效应。除此之外，涡流还将产生机械效应，主要表现为电磁阻尼和电磁驱动，应用于一些电磁仪表、异步电动机等设备中。

由磁滞损耗和涡流损耗形成的磁损耗又叫铁损耗，铁损耗把电路中的能量通过电磁耦合吸收过来，并转换为热能散发掉，从而使铁芯温度升高。所以铁损耗对电机、变压器的运行性能影响很大。

综上所述，交流铁芯线圈中总的功率损耗 ΔP 可表示铜损耗与铁损耗之和，即

$$\Delta P = \Delta P_{\mathrm{Cu}} + \Delta P_{\mathrm{Fe}} = RI^2 + \Delta P_{\mathrm{h}} + \Delta P_{\mathrm{e}} \qquad (5-15)$$

思考与讨论

1. 在额定正弦电压下工作的铁芯线圈，当外施电压有效值增至二倍时，其中的电流有效值如何变化？

2. 铁芯线圈接在正弦电压源上，当频率减小时，磁通、电流将如何变化？

3. 交流铁芯线圈的功率损耗包括哪几部分？

课题四　变　压　器

变压器是一种静止的电气设备，它利用电磁感应原理传输电能或信号，应用十分广泛。

首先，变压器是电力系统的重要设备，用于改变系统的电压。电力系统中为了减少远距离输电中的能量损失，经济地传输电能应采用高压输电——一般输电电压等级为 110、220、330、500kV 或更高，这样高的电压是不容许由发电机直接产生的，目前大容量的发电机输出端的电压通常为 10.5～18kV，所以输电前必须采用升压变压器将发电机发出的电压升高后再进行电能的传输。在用电方面，为保证安全用电且满足用电设备不同额定电压的要求，又需各种电压等级的降压变压器将电压降低然后供给用户，如工厂中的电动机一般采用的电压为 380V，生活照明和家用电器一般采用的电压为 220V。

此外，变压器还具有变换电流、变换阻抗、耦合电路、传递信号及隔离的作用。如在实验室利用自耦变压器改变电源电压，在测量领域利用仪用互感器扩大对交流电压、电流的测量范围，在电子设备和仪器中用小功率电源变压器提供多种电压，用耦合变压器传递信号并实现阻抗匹配等。

变压器的种类很多（如图 5-12 所示），可按其用途、结构、相数和冷却方式等不同来进行分类。

根据变压器的用途不同，可将其分为电力变压器（用于输配电系统中，又分为升压变压器、降压变压器、联络变压器和厂用变压器）、仪用互感器（电压互感器和电流互感器）、特种变压器（调压变压器、试验变压器、冶炼用的电炉变压器、电解用的整流变压器、电焊变压器）和实验室用的自耦变压器等。

按铁芯型式变压器又分为心式变压器和壳式变压器两种；按相数分类有单相变压器和三相变压器；按冷却介质和冷却方式不同可分为油浸式变压器和干式变压器。

尽管变压器种类繁多，大小悬殊，用途各异，但其基本构造和工作原理都是相同的。

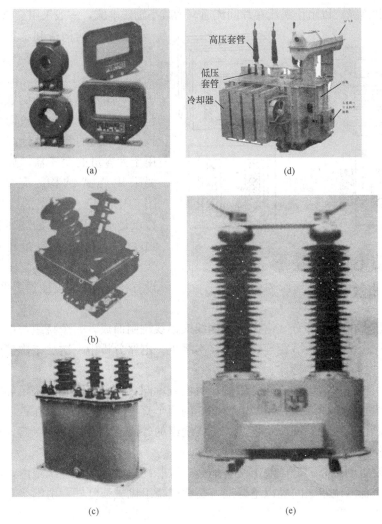

图 5-12　几种常用的变压器

(a)低压母线式电流互感器；(b)单相浇注绝缘式电压互感器；

(c)三相油浸式电压互感器；(d)三相油浸式电力变压器；

(e)干式电流互感器

任务一　变压器的基本知识

一、变压器的基本结构

变压器由铁芯、绕组、冷却装置、保护装置及其他附件组成，其中铁芯和绕组是其主要部件，称为器身。

1. 铁芯

铁芯是变压器的主磁路，同时又是它的机械骨架。铁芯由铁芯柱和铁轭两部分构成，铁芯柱上套绕组，铁轭将铁芯柱连接起来形成闭合磁路。

为提高磁路的导磁性能，减少铁芯中的磁滞和涡流损耗，变压器的铁芯大多用 0.35～0.5mm 厚的硅钢片叠成。硅钢片含硅量较高，以减小磁滞损耗，硅钢片表面涂有绝缘漆，使片与片之间彼此绝缘，以阻止涡流在片间流通。为减小励磁电流，一般采用交错叠装方式。

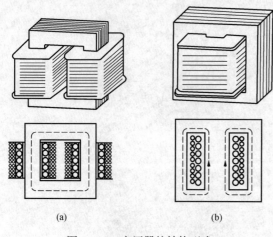

按铁芯的构造和绕组与铁芯的相对位置，变压器可分为心式和壳式两大类，如图 5-13 所示。心式变压器［如图 5-13（a）所示］的铁芯柱被绕组所包围，特点是结构比较简单，用铁量比较少，绕组的装配及绝缘比较容易，多用于大容量的变压器，如电力变压器主要采用心式结构。壳式变压器［如图 5-13（b）所示］的铁芯则包围绕组，特点是不需要专门的变压器外壳，机械强度比较好，但用铁量比较多，制造复杂，常用于小容量的变压器，各种电子设备和仪器中的变压器多采用壳式结构。

图 5-13　变压器的结构型式
(a) 心式；(b) 壳式

2. 绕组

绕组是变压器的电路部分，它由绝缘铜线或铝线绕制而成，一个绕组与电源相连，称为一次绕组；另一个绕组与负载相连，称为二次绕组。电路分析中一次、二次侧电路的各物理量分别用下标"1"和"2"标注。

变压器绕组按一次绕组和二次绕组的相对位置不同，可分为同心式绕组和交叠式绕组。

同心式绕组是把一、二次绕组绕制成同心的两个直径不同的圆筒套在铁芯柱上，低压绕组放在靠近铁芯柱的位置，高压绕组套在低压绕组的外面，中间隔以绝缘筒。这种绕组结构简单，制造方便，电力变压器多采用这种型式。

而交叠式绕组则把高、低压绕组交替地套在铁芯柱上，为减小绝缘距离，通常低压绕组靠近铁轭，高、低压绕组之间隔以绝缘层。交叠式绕组机械强度好，引出线布置方便，多用于壳式变压器中。

二、变压器的额定值

制造厂家根据国家标准和设计、试验数据规定变压器的正常运行状态，称之为额定运行状态。表征额定运行状态下有关变压器主要性能的各物理量的数值称为变压器的额定值。额定值通常标注在变压器的铭牌上，是选择和使用变压器的主要依据。

变压器的额定值主要有以下几个。

1. 额定电压 U_{1N} 和 U_{2N}

一次侧额定电压 U_{1N} 是指在设计时根据变压器的绝缘强度和容许发热而规定的应施加在一次绕组上的正常工作电压的有效值。

二次侧额定电压 U_{2N} 是指变压器一次侧施加额定电压时二次侧空载电压（开路电压）的有效值。额定电压的单位是 V 或 kV，三相变压器的额定电压是指线电压值。

2. 额定电流 I_{1N} 和 I_{2N}

一、二次侧额定电流 I_{1N} 和 I_{2N} 是指在设计时根据变压器的容许发热而规定的其一、二次侧绕组中长期容许通过的最大电流的有效值。三相变压器的额定电流是指线电流值。

3. 额定容量 S_N

额定容量是指变压器额定运行时的视在功率。由于变压器的效率很高，所以一、二次侧的额定容量设计成相等，常以 kVA 为单位。

单相变压器的额定容量为其二次侧额定电压和额定电流的乘积，即

$$S_N = U_{2N} I_{2N} \qquad (5-16)$$

三相变压器的额定容量是指三相总容量，即为

$$S_N = \sqrt{3} U_{2N} I_{2N} \qquad (5-17)$$

额定容量反映了变压器传输电功率的能力，但应注意不要把变压器的实际输出功率和额定容量相混淆。变压器实际使用时的输出功率取决于二次侧负载的大小和性质，例如一台额定容量为 $S_N=1000\text{kVA}$ 的变压器，如果负载功率因数为 0.8，则它能输出的最大有功功率为 800kW。

4. 额定频率 f_N

额定频率 f_N 是指变压器应接入的电源频率，我国规定的标准频率是 50Hz。

三、变压器的型号

变压器的型号由英文字母和数字组成，用以表示一台变压器的结构型式和产品规格等。其中，第一个字母表示相数，后面的字母分别表示冷却方式和绕组导线材质；斜线前面的数字表示变压器的额定容量（kVA），斜线后面的数字表示高压绕组的额定电压（kV）。其型号示意图如图 5-14 所示。

例如：SFPL-6300/110 表示三相强迫油循环风冷双绕组铝线电力变压器，其额定容量为 6300kVA，高压侧额定电压为 110kV。

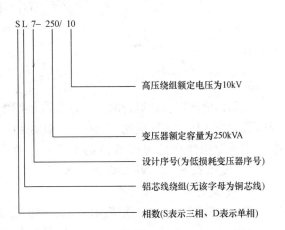

图 5-14 变压器的型号示意图

电力变压器的冷却方式有 F 代表油浸风冷、S 代表油浸水冷、FP 代表强迫油循环风冷、SP 代表强迫油循环水冷、缺省则表示油浸自冷。

新标准的中小型变压器的容量等级为 10、20、30、50、63、80、100、125、160、200、250、315、400、500、630、800、1000、1250、1600、2000、2500、3150、4000、5000、6300kVA。

任务二　变压器的工作原理和运行特性

一、单相变压器的工作原理

1. 空载运行和电压变换

变压器的一次绕组接额定电压、额定频率的交流电源 u_1，二次侧开路时的运行状态称为变压器的空载运行（二次绕组两端的电压为开路电压 u_{20}）。为便于分析，将一次绕组和二次绕组分别画在两边的铁芯柱上，如图 5-15 所示，图中 N_1 为一次绕组匝数，N_2 为二次绕组匝数。

在外加正弦交变电压 u_1 的作用下，一次绕组中便有交变电流 i_{10} 通过，称为空载电流或

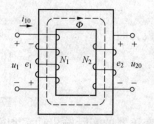

图 5-15　变压器的空载运行

励磁电流（变压器的空载电流很小，约为绕组额定电流的 1%～8%）。空载电流通过一次绕组形成的磁通势 $i_{10}N_1$ 在闭合铁芯中产生正弦交变的主磁通 Φ（又叫工作磁通），Φ 和一、二次绕组相交链，于是在一、二次绕组中分别感应出电动势 e_1、e_2。

当 e_1、e_2 与 Φ 的参考方向之间如图 5-14 所示符合右螺旋定则时，根据式（5-13）可知 e_1、e_2 的有效值分别为

$$\left.\begin{array}{l} E_1 = 4.44 f N_1 \Phi_m \\ E_2 = 4.44 f N_2 \Phi_m \end{array}\right\} \tag{5-18}$$

略去绕组电阻上的压降及漏磁通的影响，外加电压 u_1 几乎全部用来平衡主磁通在一次绕组中的感应电动势 e_1，变压器二次侧的开路电压 u_{20} 则与二次绕组中的感应电动势 e_2 相平衡，即

$$U_1 \approx E_1$$
$$U_{20} \approx E_2$$

所以有

$$\frac{U_1}{U_{20}} \approx \frac{E_1}{E_2} = \frac{N_1}{N_2} = K_u \tag{5-19}$$

可见，变压器空载运行时，一、二次绕组上的电压比等于两者的匝数比，比值 K_u 称为变压器的变压比，也称变比。当一、二次绕组匝数不同时，变压器就可以把某一数值的交流电压变换为同频率的另一数值的电压，这就是变压器的电压变换作用。当 $N_1 > N_2$ 时，$K_u > 1$，变压器降压，$N_1 < N_2$ 时，$K_u < 1$，变压器升压。

2. 负载运行和电流变换

把负载接到变压器二次绕组的两端，变压器便负载运行，如图 5-16 所示。这时一、二次绕组中都有电流通过，都建立了相应的磁通势，变压器铁芯中的主磁通由一、二次绕组的磁通势共同产生。

因为变压器空载和负载运行时原绕组的电压 U_1 基本不变，由 $U_1 = 4.44 f N_1 \Phi_m$ 可知，当电源电压 U_1 不变时，Φ_m 接近于常数，即铁芯中主磁通的最大值 Φ_m 在变压器空

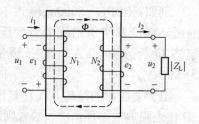

图 5-16　变压器的负载运行

载和负载运行时基本上是恒定的。因此变压器负载运行时一、二次绕组的合成磁通势应该和空载时的磁通势基本相等，即

$$i_1 N_1 + i_2 N_2 = i_{10} N_1 \quad \text{或} \quad \dot{I}_1 N_1 + \dot{I}_2 N_2 = \dot{I}_{10} N_1 \tag{5-20}$$

这一关系式称为变压器的磁通势平衡方程式。

由于空载电流很小，因此当变压器额定运行时 I_1、I_2 比 I_{10} 大得多，即 $\dot{I}_{10} N_1$ 可忽略，于是得

$$\dot{I}_1 N_1 + \dot{I}_2 N_2 \approx 0 \quad \text{或} \quad \dot{I}_1 N_1 \approx -\dot{I}_2 N_2 \tag{5-21}$$

可见变压器负载运行时一、二次绕组的磁通势差不多反相，即二次绕组磁通势对一次绕组磁通势有去磁作用。当变压器二次侧负载增加，磁通势 $\dot{I}_2 N_2$ 增大，一次侧磁通势 $\dot{I}_1 N_1$ 也必然随之增加，以保持主磁通基本不变，所以说变压器一次电流 $\dot{I}_1$ 的大小是由二次电流

i_2 的大小来决定的。

由式（5-20）可得一、二次电流的有效值关系为

$$\frac{I_1}{I_2} \approx \frac{N_2}{N_1} = \frac{1}{K_u} = K_i \qquad (5-22)$$

可见，变压器负载运行时，一、二次绕组上的电流大小与匝数成反比，比值 K_i 称为变压器的变流比。改变一、二次绕组的匝数，就可以改变一、二次电流的比值，这就是变压器的电流变换作用。

从能量转换角度看，当变压器二次侧接上负载后，二次侧有电流 i_2，说明二次绕组向负载输出电能，这些能量只能由一次绕组从电源吸取，通过主磁通传递到二次侧。二次侧向负载输出的电能越多，一次绕组从电源吸取的电能也越多，故二次电流变化时，一次电流也会相应地变化。

3. 变压器的阻抗变换作用

变压器除上述变换电压、变换电流的作用外，还有阻抗变换的作用。变压器一次侧接电源 u_1，二次侧接负载阻抗 Z，而图中虚线框内部分可用一个阻抗 Z' 来等效替代，如图 5-17 所示。

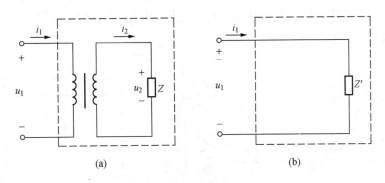

(a)   (b)

图 5-17 变压器的阻抗变换作用

所谓等效，就是在一次侧电源上直接接入阻抗 Z'［如图 5-17（b）所示］和一次侧电源经变压器接负载阻抗 Z［如图 5-17（a）所示］，这两种情况输入电路的电压、电流和功率相等。当忽略变压器的漏磁和损耗时，据式（5-19）和式（5-22）推导可得

$$|Z'| = \frac{U_1}{I_1} = \frac{N_1/N_2 \times U_2}{N_2/N_1 \times I_2} = \left(\frac{N_1}{N_2}\right)^2 \frac{U_2}{I_2} = K_u^2 |Z| \qquad (5-23)$$

可见，在变压器二次侧接阻抗为 $|Z|$ 的负载，相当于在一次侧电源上直接接一个阻抗为 $K_u^2|Z|$ 的负载。当负载阻抗一定时，变压器可以通过选择合适的变比，把实际负载阻抗变换为所需要的大小，这就是变压器的阻抗变换作用。

在电子电路中，为提高信号的传输功率，常利用变压器将负载阻抗变换为恰当的数值，这种做法称为阻抗匹配。

二、三相变压器

现代电力系统都采用三相制，在三相交流输电、配电系统中，常需要将三相交流电压进行变换。一种方法是用三台完全相同的单相变压器按一定方式连接构成一台三相组式变压器，如图 5-18 所示。其特点是各相磁路彼此独立，互不关联。

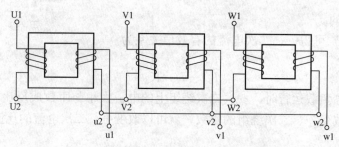

图 5-18　三台单相变压器组成的三相组式变压器

另一种方法是将三只单相变压器的铁芯柱通过磁轭连接合为一体构成三相心式变压器，如图 5-19（a）所示，三个外铁芯柱上分别为 U、V、W 各相绕组，电流在各铁芯柱中产生磁通 Φ_U、Φ_V、Φ_W。中间铁芯柱是三相磁通的共有磁路，所以通过中间铁芯柱的磁通，便等于三个外铁芯柱中的磁通的总和。由于三相电源电压是对称的，所以三相磁通也对称，则任一瞬间三相磁通的相量和为零，即 $\dot{\Phi}_U + \dot{\Phi}_V + \dot{\Phi}_W = 0$。故中间铁芯柱可以省去，任一瞬间每一铁芯柱的磁通经过其他两相铁芯柱闭合，如图 5-19（b）所示。实际上，为使结构简单，通常把三相铁芯柱排列在同一平面上，如图 5-19（c）所示。这种结构的三相变压器特点是各相磁路彼此关联，比同容量其他结构的三相变压器节省材料、效率高、体积小、维护简单、价格便宜，因此得到广泛应用。

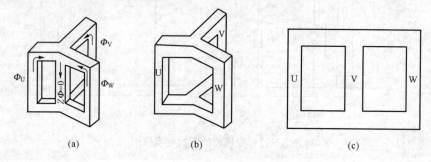

图 5-19　三相心式变压器的磁路系统

三相心式变压器的铁芯与绕组的布置如图 5-20 所示。

根据三相电力网的线电压和三相变压器各相一次绕组额定电压的大小，可以把三相一次绕组接成星形或三角形。根据三相二次绕组的额定电压和三相负载相电压的大小，可以把三相二次绕组接成星形或三角形。三相变压器高、低压绕组基本的连接方式有 Yy 连接、Yd 连接、Dy 连接、Dd 连接四种，书写时规定大写字母写在左边，表示高压绕组的接法，小写字母写

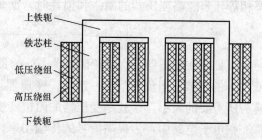

图 5-20　三相心式变压器的铁芯与绕组

在右边，表示低压绕组的接法，N 和 n 则分别表示高压侧引出中性线和低压侧引出中性线。

当三相变压器绕组采用上述不同的连接方式时，变压器的高、低压侧对应线电动势（电压）的相位关系将会不同，但高、低压绕组对应线电动势之间的相位差总是 30°的倍数。三相

变压器的连接组别就是用来反映高、低压侧绕组的连接方式，以及高、低压侧绕组对应线电动势之间的相位关系的。例如 Yd5 表示三相变压器的高压绕组按星形连接，低压绕组按三角形连接，低压绕组线电动势滞后对应的高压绕组线电动势 $5 \times 30° = 150°$。确定三相变压器连接组别的具体方法在后续专业课中会详细介绍。

三、变压器的运行特性

1. 变压器的外特性和电压变化率

前面在分析变压器的工作原理时，忽略了一、二次绕组电阻上的压降及漏磁通对变压器工作的影响（即忽略了变压器的漏阻抗）。实际上变压器在负载运行时，负载电流通过漏阻抗会造成漏阻抗压降，使二次电压 U_2 随负载的变化而变化，其变化规律可用外特性来描述。

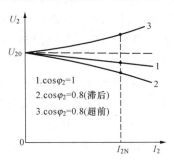

图 5-21　变压器的外特性

变压器的外特性是指一次绕组加额定电压和负载功率因数 $\cos\varphi_2$ 一定时，二次侧的端电压 U_2 随负载电流 I_2 变化的规律，即 $U_2 = f(I_2)$，如图 5-21 所示。对于阻性和感性负载，外特性曲线向下倾斜。感性负载的功率因数越低，U_2 下降得越快。容性负载下变压器的外特性曲线则向上倾斜，如图 5-21 中的曲线 3 所示。

二次侧电压变化的程度可用电压变化率 $\Delta U\%$ 来描述。电压变化率是指变压器从空载到满载，二次侧电压 U_2 的变化量与空载时二次侧电压 U_{20} 的比值，即

$$\Delta U\% = \frac{U_{20} - U_2}{U_{20}} \times 100\% \qquad (5-24)$$

电压变化率与负载的大小成正比，还与负载的性质有关。当负载变化时，通常希望变压器二次侧电压 U_2 的变化量越小越好。一般来说容量大的变压器电压变化率较小，电力变压器的电压变化率一般在 5% 左右，这是它的一个重要的技术指标，反映了其供电电压的稳定性，直接影响到供电质量。

2. 变压器的损耗和效率

变压器在传输电能的过程中，一次侧从电网吸收有功功率，其中小部分功率消耗在绕组电阻上（铜损耗 ΔP_{Cu}）和铁芯中（铁损耗 ΔP_{Fe}），绝大部分通过电磁感应经二次侧传输给负载，所以输出功率 P_2 小于 P_1。将变压器输出功率与输入功率之比称为变压器的效率 η，通常用百分数表示，即

$$\eta = \frac{P_2}{P_1} \times 100\% = \frac{P_2}{P_2 + \Delta P_{Cu} + \Delta P_{Fe}} \times 100\% \qquad (5-25)$$

可见，变压器的效率与负载有关。变压器的效率 η 随负载电流 I_2 变化的关系曲线如图 5-22 所示。空载时输出功率 $P_2 = 0$，所以 $\eta = 0$。负载较小时，损耗相对较大，故效率较低。随着负载的增大，开始时效率 η 也随之增大，但当超过某一负载时，因铜损耗增加得很快（铜损耗与电流平方成正比），效率 η 反而减小，变压器在不到额定负载时效率 η 达到最大值。

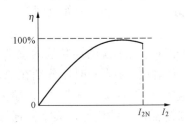

图 5-22　变压器效率与负载关系

总的说来，变压器因为没有机械摩擦损耗，所以效率很高。大型电力变压器在接近额定状态下工作时效率可达 96%～99%，但轻载时效率都很低，所以应合理选择变压

器的容量，避免长期轻载或空载运行。

思考与讨论

1. 变压器的铁芯是起什么作用的？不用铁芯行不行？用整块铁芯行不行？

2. 已知某单相变压器接在 220V 电源上空载运行，二次电压为 20V，如果它的二次绕组为 100 匝，那么一次绕组为多少匝？

3. 阻抗为 8Ω 的扬声器，通过一台变压器接到晶体管放大电路的输出端。已知阻抗完全匹配，且变压器一次绕组为 500 匝，二次绕组为 100 匝，则变压器一次侧电路的阻抗为多大？

4. 某台供白炽灯照明的变压器，二次绕组的端电压 $U_2 = 200V$，$I_2 = 26.5A$，输入一次绕组的功率为 6kW。这台变压器的效率为多高？

5. 某台三相变压器容量为 2500kVA，高压侧的额定电压为 35kV，低压侧的额定电压为 10.5kV，这台变压器一、二次侧的额定电流为多大？

技能训练　单相变压器高、低压绕组及同名端的测量

一、训练目的

(1) 了解变压器的用途、结构和工作原理。

(2) 学会单相变压器高、低压绕组的判别方法。

(3) 学习单相变压器绕组同名端的测定方法。

二、实训设备与仪器（以下设备和器件的技术参数可按实际需要进行选取）

(1) 实训工作台（含三相电源、常用仪表等）。

(2) 单相变压器。

(3) 自耦变压器。

(4) 数字万用表。

(5) 导线若干。

(6) 螺丝刀、剥线钳、尖嘴钳。

三、实训原理与说明

1. 单相变压器绕组的同名端

为了适应两种不同的电源电压和供给两种不同额定电压的负载，常把单相变压器绕成两个相同的一次绕组和两个相同的二次绕组。这种变压器称为多绕组变压器。在使用这种变压器时，需要先辨别出两个绕组的同名端（又称同极性端），然后才能正确连接。下面以图 5-23 为例，来说明同名端的意义。

在图 5-23 中一次侧 A 绕组和 B 绕组的绕向和匝数完全相同。为了说明同名端的意义，如图 5-24 所示只画出两个一次绕组，当穿过两个绕组的磁通增加（$\Phi\uparrow$）时，分别在 A、B 两个绕组中产生感应电动势，根据楞次定律，这时 A 绕组的"1"端为"＋"、"3"端为"－"；B 绕组的"2"端为"＋"，"4"端为"－"[图中各端钮括弧中的极性，表示磁通减小（$\Phi\downarrow$）时，对应于 A、B 绕组中产生的感应电动势的极性]。从图 5-24 中可以看出，不

管磁通增加或减少，A 绕组的"1"端和 B 绕组的"2"端是同极性端。当然，A 绕组的"3"端和 B 绕组的"4"端也是同极性端。常把相同极性的端称为同名端，而把不同极性的端（如"2"端和"3"端）称为异名端。两个绕组的同名端用标记"·"表示，如"1"端和"2"端。不标圆点"·"记号的端也是同名端，如"3"端和"4"端。

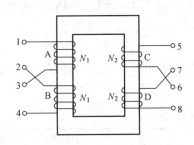

图 5-23　多绕组变压器

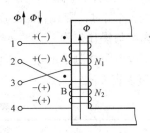

图 5-24　两个绕组的同名端

2. 两个绕组同名端的测定

两个绕组的同名端和绕组的绕向有关，若已知绕组的绕向，则绕组的同名端便不难辨认，如图 5-24 所示的 A、B 绕组的绕向相同，则两个绕组对应的上端是同名端；若 B 绕组反绕，则 A 绕组的上端和 B 绕组的下端是同名端。但变压器、电动机等设备的绕组多数经过浸漆处理，外包绝缘层安装在封闭的铁壳中，不能观察出具体绕向。因此，绕组的同名端就需要用实验的方法来测定。

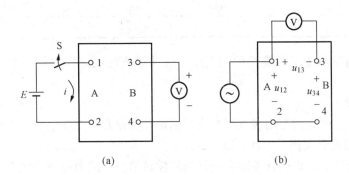

图 5-25　绕组同名端的测定

(a) 直流法；(b) 交流法

（1）直流法测定绕组的同名端。测量电路如图 5-25（a）所示。图中"1"和"2"是 A 绕组的两个接线端，"3"和"4"是 B 绕组的两个接线端。把 A 绕组通过开关 S 与电池连接，B 绕组与直流电压表连接。当开关 S 闭合瞬间，电流 i 从无到有由 A 绕组的"1"端流向"2"端。由于电流呈增加变化在 A 绕组中产生自感电动势，根据自感电动势在电路中有阻碍电流变化的作用，所以"1"端应为自感电动势的"＋"极性端。若此时电压表的指针正向偏转，说明 B 绕组中的互感电动势的"＋"极在"3"端，所以 A 绕组的"1"端和 B 绕组的"3"端是同名端。若电压表的指针反偏，则"1"和"4"是同名端。

（2）交流测定绕组的同名端。测量电路如图 5-25（b）所示。把两个绕组的任意两个接线端连在一起，例如"2"和"4"两端，并在其中一个绕组（如 A 绕组）加上一个较低的交流电压。用交流电压表分别测出电压 U_{12}、U_{13}、U_{34}，如果测得电压有如下的数量关系。1)$U_{13}=U_{12}-U_{34}$，则"1"和"3"是同名端；2)$U_{13}=U_{12}+U_{34}$，则"1"和"3"是异名端。

这是因为 A 绕组和 B 绕组并联，所以根据基尔霍夫第二定律，有 $u_{13}=u_{12}-u_{34}$ 的关系，只有在"1"和"3"为同名端时，则 u_{12} 和 u_{34} 同相，才有 $U_{13}=U_{12}-U_{34}$ 的关系。又只有在"1"和"3"为异名端时，则 u_{12} 和 u_{34} 反相，才有 $U_{13}=U_{12}+U_{34}$ 的关系。

四、训练内容与操作步骤

（1）用万用表电阻挡测出所给变压器两边绕组的电阻值，并指出哪端是高压侧，哪端是低压侧，结果填入表 5-2 中。

表 5-2　　　　　　　　　　　变 压 器 电 阻 测 量

绕组	电阻/Ω	高压侧还是低压侧
1		
2		

（2）交流法测单相变压器绕组的同名端。为安全起见，利用自耦调压器供给 30V 交流电（以万用表交流挡测得结果为准），加于单相变压器一个绕组的两端。按前述交流法找出单相变压器的同名端，填入表 5-3 中。

表 5-3　　　　　　　　　　　同 名 端 的 判 定

项目	同名端	同名端
端子号		

（3）直流法测单相变压器绕组的同名端。按前述直流法测同名端，并用交流结果加以验证。

五、注意事项

（1）选择直流法时，用万用表直流毫安挡测量，注意避免反偏电流过大时损坏指针，故最好先选择直流毫安最大挡，再逐步减小。

（2）选择直流法时，观察开关闭合瞬间指针偏转情况，因为在开关闭合以后，直流电产生了恒定磁通使一、二次绕组没有感应电动势产生，也就没有感应电流通过毫安表。

六、报告与结论

本 章 小 结

一、磁场的主要物理量

磁场的主要物理量包括磁感应强度 B、磁通 Φ、磁导率 μ 和磁场强度 H，磁感应强度 B 是磁场的基本物理量，B 的大小和磁场强度 H 有关，也与介质的磁导率 μ 有关，其相互关系可表示为 $B=\mu H$。

二、铁磁性物质的磁化特性

铁磁性物质的磁化特性主要包括高导磁性、磁饱和性、磁滞性等，并且铁磁性物质的磁状态与磁化进程有关。

三、磁路及其欧姆定律

（1）约束在限定铁芯范围内的磁场称为磁路，磁路是磁通集中通过的路径。

（2）磁通势是线圈中通过的励磁电流 I 和线圈匝数 N 的乘积，即 $F = NI$，单位是 A（安培），也常用安匝表示。磁通势是磁路中产生磁通的根源。

（3）某一段磁路的磁场强度 H 与该段磁路平均长度 l 的乘积叫做该段磁路的磁位差，又叫磁压，即 $U_m = Hl$，单位也是 A（安培）。而磁阻 R_m 则表征磁通通过磁路时所受到的阻碍作用，$R_m = \dfrac{l}{\mu S}$。

（4）磁路中的磁通 Φ、磁位差 U_m 和磁阻 R_m 之间的关系由磁路的欧姆定律确定，即 $U_m = R_m \Phi$，但磁路是非线性的，故磁路的欧姆定律一般用于定性分析而非定量计算。

四、交流铁芯线圈

1. 交流铁芯线圈的电磁关系

如果忽略线圈电阻及漏磁通，则线圈的电压近似和主磁通的感应电动势相平衡。它们间的关系为 $\dot{U} = -\dot{E} = j4.44 f N \dot{\Phi}_m$。

2. 交流铁芯线圈的波形畸变和功率损耗

由于磁饱和的影响，在正弦电压作用下，励磁电流畸变为非正弦尖顶波。磁滞和涡流的影响引起铁芯损耗，加剧电流波形畸变。铁芯损耗为磁滞损耗与涡流损耗之和。

五、变压器

（1）变压器是利用电磁感应原理传输电能或信号的电气设备，铁芯和绕组是其主要部件。变压器按一、二次绕组的匝数比可进行电压变换、电流变换和阻抗变换，即

$$\frac{U_1}{U_{20}} \approx \frac{E_1}{E_2} = \frac{N_1}{N_2} = K_u, \quad \frac{I_1}{I_2} \approx \frac{N_2}{N_1} = \frac{1}{K_u} = K_i, \quad |Z'| = K_u^2 |Z|$$

（2）变压器的额定值主要有额定电压、额定电流、额定容量和额定频率，它们是选择和使用变压器的主要依据。

（3）变压器的外特性和电压变化率是直接影响其供电质量的重要技术指标。

外特性是指变压器一次侧加额定电压，二次侧负载功率因数一定的情况下，二次侧端电压 U_2 随负载电流 I_2 变化的规律，即 $U_2 = f(I_2)$。

电压变化率是指变压器从空载到满载，二次侧电压 U_2 的变化量与空载时二次侧电压 U_{20} 的比值，即 $\Delta U \% = \dfrac{U_{20} - U_2}{U_{20}} \times 100\%$。

（4）变压器的损耗包括铜损耗和铁损耗，其效率是 $\eta = \dfrac{P_2}{P_1} \times 100\% = \dfrac{P_2}{P_2 + \Delta P_{Cu} + \Delta P_{Fe}} \times 100\%$。变压器在接近满载时效率很高，轻载时效率很低，因此应合理选择变压器的容量，避免长期轻载或空载运行。

习　题　五

一、填空题

5-1　完全描述介质中某点磁场强弱和方向的物理量是＿＿＿＿＿，单位是＿＿＿＿＿，而不考虑介质导磁性能影响时则可用物理量＿＿＿＿＿来描述磁场中某点磁场的强弱和方向，

二者的关系为＿＿＿＿＿＿＿＿。

5-2　当与回路交链的磁通发生变化时，回路中就要产生＿＿＿＿＿＿＿＿，它的大小与磁通的＿＿＿＿＿＿＿＿成正比。

5-3　铁磁性物质被磁化的外因是＿＿＿＿＿＿＿＿＿＿＿＿，内因是＿＿＿＿＿＿＿＿＿＿＿＿。

5-4　铁磁性物质在交变磁化过程中，磁感应强度 B 的变化比磁场强度 H 的变化滞后的现象称为＿＿＿＿＿＿＿＿，此外，铁磁性物质还表现出＿＿＿＿＿＿＿＿性、＿＿＿＿＿＿＿＿性和＿＿＿＿＿＿＿＿等磁化特性。

5-5　用铁磁性材料作电动机及变压器铁芯，主要是利用其中的＿＿＿＿＿＿＿＿特性，制作永久磁铁是利用其中的＿＿＿＿＿＿＿＿特性。

5-6　根据磁滞回线的形状，常把铁磁性物质分成＿＿＿＿＿＿＿＿、＿＿＿＿＿＿＿＿、＿＿＿＿＿＿＿＿三类。

5-7　通过磁路闭合的磁通称为＿＿＿＿＿＿磁通，而穿出铁芯，经过磁路周围非铁磁性物质闭合的磁通称为＿＿＿＿＿＿磁通，两者的大小关系为＿＿＿＿＿＿＿＿。

5-8　当交流铁芯线圈的电压为正弦波时，磁通为＿＿＿＿＿＿＿＿波，由于磁饱和的影响，磁化电流是＿＿＿＿＿＿＿＿波。

5-9　变压器的电压变化率是指变压器从空载到满载时，＿＿＿＿＿＿＿＿与＿＿＿＿＿＿＿＿的比值。

5-10　变压器的效率与＿＿＿＿＿＿＿＿有关，＿＿＿＿＿＿＿＿时其效率很低，故应合理选择变压器的容量以避免＿＿＿＿＿＿＿＿＿＿＿＿运行。

二、选择题

5-11　铁磁材料在磁化过程中，当外加磁场 H 不断增加，而测得的磁感应强度几乎不变的性质称为（　　）。

A. 磁滞性　　　　　B. 剩磁性　　　　　C. 高导磁性　　　　　D. 磁饱和性

5-12　在电动机和变压器等电气设备中，常将铁芯用彼此绝缘的硅钢片叠成，其目的是为了（　　）。

A. 减小铁芯的涡流损耗　　　　　B. 减小线圈损耗

C. 增大铁芯的导磁性能

5-13　铁磁性物质在反复磁化过程中，一次反复磁化的磁滞损耗与磁滞回线的面积（　　）。

A. 成正比　　　　　B. 成反比　　　　　C. 无关

5-14　正弦电压激励的有气隙的铁芯线圈，若其他条件不变，只是气隙减小，则主磁通将（　　）。

A. 增大　　　　　B. 减小　　　　　C. 不变

5-15　有一交流铁芯线圈额定电压为 220V，当线圈两端电压为 110V 时，主磁通最大值与额定电压时主磁通最大值比较，下列描述中（　　）是正确的。

A. 基本不变　　　B. 变大　　　C. 变为 1/2 倍　　　D. 变为 1/4 倍

5-16　相同长度、相同横截面积的两段磁路，a 段为气隙，b 段为铸钢，两段磁阻的关系是 R_{ma}＿＿＿＿＿＿R_{mb}。

A. 大于　　　　　B. 等于　　　　　C. 小于

三、分析计算题

5 - 17 $N=500$ 匝的铁芯线圈，接于频率为 50Hz、有效值为 380V 的正弦电压，若忽略线圈电阻和漏磁通，求铁芯中磁通的最大值 Φ_m。

5 - 18 一个铁芯线圈接在有效值为 220V，频率为 50Hz 的正弦电压上，要使铁芯中产生最大值 2.35×10^{-4} Wb 的磁通，试问线圈的匝数应为多少？

5 - 19 单相变压器一次绕组匝数 $N_1=1000$ 匝，二次绕组 $N_2=500$ 匝，现一次侧接 220V 交流电源，二次侧接电阻性负载，测得二次侧电流为 4A，忽略变压器的内阻抗及损耗，试求：

(1) 一次侧等效阻抗 $|Z_1'|$。

(2) 负载消耗功率 P_2。

5 - 20 某机修车间的单相行灯变压器，一次侧的额定电压为 220V，额定电流为 4.55A，二次侧的额定电压为 36V，试求二次侧可接 36V、60W 的白炽灯多少盏？

5 - 21 已知一台单相变压器的额定容量为 2kVA，额定电压为 220/36V，试求：

(1) 一、二次侧的额定电流。

(2) 当一次侧加额定电压后，是否在任何负载下一次绕组中的电流都是额定值？

(3) 如果二次侧接 36V、100W 的白炽灯 15 盏，此时一次电流为多大？若只接 2 盏，一次电流又为多大？这两种情况下计算的电流值哪一个较准确？为什么？

5 - 22 有额定值为 220V、100W 的电灯 300 盏，接成星形连接的三相对称负载，从线电压为 10kV 的供电网上取用电能，需用一台三相变压器。设此变压器采用 Yyn 接法，试求所需变压器的最小额定容量、额定电压和额定电流。

第 六 章

电 机 及 其 控 制

　　电机是实现能量转换和信号转换的电磁设备。用作能量转换的电机称为动力电机，用作信号转换的电机称为控制电机。动力电机分为发电机和电动机两大类，其中发电机是把机械能转换为电能的发电设备；电动机是把电能转换成机械能、拖动各种生产机械的动力用电设备。

　　发电机中，目前最广泛使用的是三相同步发电机。而电动机有交流电动机和直流电动机之分。交流异步电动机也叫感应电动机，是电动机中最主要的类型，尤其普遍使用的是三相异步电动机。由于异步电动机具有结构简单、工作可靠、维修方便、价格低廉等优点，所以应用最广。据统计，异步电动机的总容量约占全部电动机总容量的85%。

　　电动机运转普遍采用继电器、接触器及按钮等有触点的控制器来实现自动控制。

　　本章主要内容包括常用的低压电器介绍，三相异步电动机的结构和工作原理，常用低压电机的控制电路以及同步发电机的简单介绍。

【知识目标】

　　(1) 了解常用的低压电器的外形、图形符号和基本用途。

　　(2) 掌握交流异步电动机的结构和原理。

　　(3) 熟悉常用低压电机的控制电路，会阅读控制电路图。

　　(4) 初步了解同步发电机；学习安全用电常识。

【技能目标】

　　(1) 了解三相异步电动机的简易测试方法及其起动特性。

　　(2) 学习绝缘电阻表的使用方法。

　　(3) 加深对电动机控制原理的理解，练习电动机控制电路的接线。

课题一　常用的低压电器

　　在低压电路中使用的电气设备，习惯称为低压电器。所谓低压一般是指交流1000V以下、直流1200V以下的电压。

　　按用途的不同，低压电器可分为以下两类。

　　(1) 低压配电电器。这类电器主要应用于低压配电主电路，如低压开关（刀开关）、熔断器、低压断路器等。

　　(2) 低压控制电器。这类电器主要用于对电动机的保护与控制，如按钮、接触器、继电器等。

一、熔断器

日常见到的保险丝是最简单的熔断器，熔断器用以切断线路的过载和短路故障。它串联在被保护电路之后，就在该电路形成一"薄弱环节"，当电路出现短路或过载时，熔体首先熔断、切断电路，起到保护电路上其他电器设备的作用。熔断器是由熔体（熔体为丝状或片状）、熔管和支持熔体的触点插座三部分组成。制作熔体的材料为铅锡合金或截面甚小的良导体——铜、银等。熔体受电流的热效应，起断开大电流的作用，熔管起限制电弧飞溅，装填料起辅助灭弧作用。熔断器种类很多，常用的有图6-1所示的三种。

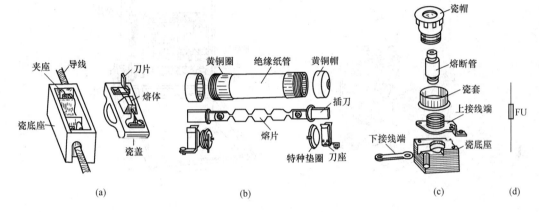

图6-1 常用的低压熔断器
(a) 插式；(b) 管式；(c) 螺旋式；(d) 图形及文字符号

图6-1（a）所示为插式熔断器。这种熔断器的灭弧能力差，因而分断短路电流的能力小，多用于照明及较小容量电动机等分支电路中。

图6-1（b）所示为无填料密封管式熔断器，能分断较大的短路电流。它多用于电力线路中，作导线、电缆及用电设备的短路及长期过载的保护。

图6-1（c）所示为螺旋式熔断器。熔断管内装有熔丝并填满石英砂。石英砂有助于熄弧，因而分断电弧的能力强。这种熔断器多用于机床电器电路及某些分支电路，作短路和过载保护。

图6-1（d）所示为熔断器的图形符号，文字符号为FU。

熔断器对于电灯、电炉之类的静负载，可以作为其过载和短路保护；而对于电动机负载，由于熔断器的熔断特性与电动机的发热特性不能很好配合，所以熔断器只能作为它的短路保护。

熔体的额定电流有 2、4、6、10、20、25、40、60、100、150、200、600A 等多种规格。熔断器主要根据额定电流来选择。

（1）照明和电热负载的熔体：熔体额定电流≥被保护设备额定电流。

（2）一台电动机的熔体：因电动机起动电流是额定电流的5～7倍，故可按熔体额定电流≥被保护设备额定电流/k来选择，k为经验系数，一般情况取$k=2.5$；若频繁起动，则取$k=1.6$～2。

（3）多台电动机合用的熔体：熔体额定电流=（1.5～2.5）最大容量电动机的额定电流＋其余电动机额定电流之和。

二、低压开关

常用的低压开关有如下三种。

（1）开启式负荷开关，俗称胶盖刀闸（或刀开关）。其结构如图 6-2（a）所示。它的上部是触头和触刀，下部是熔体，全部导电零件固定在一块瓷质底板上，外罩绝缘胶木盖。开启式负荷开关可作为一般照明、电热电器的控制开关使用，也常用来直接控制不频繁起动的小型电动机。

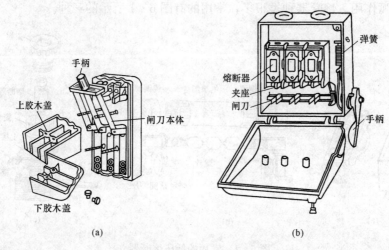

(a)   (b)

图 6-2 开启式负荷开关和封闭式负荷开关

(a) 开启式负荷开关；(b) 封闭式负荷开关

（2）封闭式负荷开关，俗称铁壳开关。其结构如图 6-2（b）所示。它是将刀开关和熔断器一同安装在铸铁或钢板制成的外壳内，其闸刀通过弹簧的储能作用可快速分断不大于其额定电流的负载电路。其熔断器则视开关的容量选用插式、管式。这种开关主要用于配电设备中，供手动不频繁通、断带负荷电路。60A 以下等级的这种开关常作为交流电动机的控制开关，用来通、断 380V、15kW 以下的电动机电路。

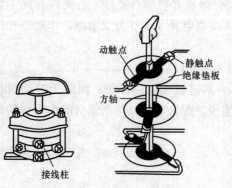

图 6-3 组合开关结构图

（3）组合开关（又称转换开关）。组合开关也属于低压开关的一种，如图 6-3 所示。它采用的是层叠式结构，每层中安放一组动触点和静触点，并采用双断点形式，因而分断能力较强。各层动触点由一根带手柄的绝缘转轴操作。组合开关的型号较多，有的可作为电源开关，有的可作为小容量电动机起动、停止、换向及星—三角起动等用的控制开关，有的还可以作为线路换接开关。

三、按钮开关

按钮开关是一种主令电器，用来接通或断开控制电路，其外形和结构如图 6-4（a）、（b）所示。其内部主要由静触点和动触点两部分组成，按下按钮帽，动触点可以接通某对静触点，并同时断开某对静触点。按下时被接通的触点称为动合触点，按下时被断开的触点称为动断触点。仅有一对动合触点的按钮称为起动按钮，仅有一对动断触点的按钮称为停止按钮。按钮的文字符号为 SB，图形符号如 6-4（c）所示。

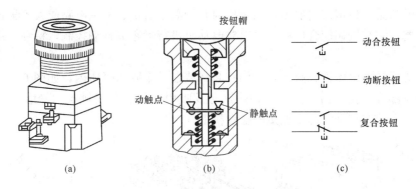

图 6-4 按钮开关及图形符号

（a）外形；（b）结构；（c）图形符号

四、低压断路器

低压断路器是低压开关中性能最完善的一种手动合闸开关。它不仅能在有载时通、断电路（的工作电流），而且还能对电路实施短路、过载、欠压等保护，但不适用于频繁操作的场合。其特点是动作后不需要更换元件，电流值可随时整定，工作可靠，运行安全，切流能力大，安装使用方便。

低压断路器的外形及结构如图 6-5（a）、（b）所示。

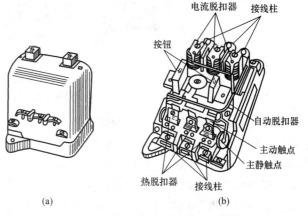

图 6-5 低压断路器的外形及结构

（a）外形；（b）结构

图 6-6 为低压断路器的工作原理示意图。其主要组成部分包括触点系统、灭弧装置、机械传动机构和保护装置等。图 6-6 中开关位于合闸状态，主触头闭合，分闸弹簧 1 已被拉紧。2 为电流脱扣器线圈，正常运行时，通过线圈的电流不能使衔铁动作，但短路（故障）电流通过线圈时产生的电磁引力却可使衔铁动作，开关脱扣，使触点系统在分闸弹簧作用下快速分断。3 为热脱扣器，它是利用双金属片受热后向一侧弯曲的原理工作的，可用作过载保护。4 为欠压（或失压）脱扣器，只有它的线圈中的电流不低于规定值时，断路器才能合闸，如果电源电压低于规定值或消失，断路器将立即分闸。装有这种脱扣器的低压断路器可作为电动机的低压保护（当电压恢复正常时，须重新合闸才能工作）。5 为分励脱扣器，利用它可实现开关远距离分闸，按下按钮 6 后，分励脱扣器的线圈接通电流而吸合衔铁使断路器跳闸。

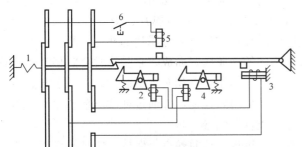

图 6-6 低压断路器的工作原理示意图

1—分闸弹簧；2—电流脱扣器线圈；3—热脱扣器；
4—欠压（或失压）脱扣器；5—分励脱扣器；6—按钮

五、交流接触器

交流接触器是一种依靠电磁力作用来接通和切断带有负载的主电路或大容量控制电路的自动切换电器，它与按钮配合使用，可以对电动机进行远距离自动控制，特别适用于需频繁操作的场合。

它的主要部分为电磁铁和触点，它们一起封装在一个胶木壳体内，如图 6-7 (a)、(b) 所示。电磁铁部分包括"山"字形动、静铁芯及吸引线圈，每副触点的静触点固定在壳体上，而动触点则装在与动铁固定相接的触点桥上。

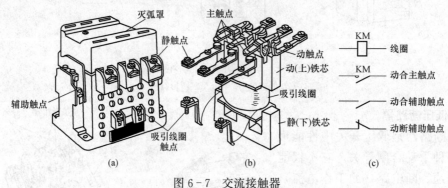

图 6-7 交流接触器
(a) 外形；(b) 内部主要结构；(c) 图形符号

交流接触器触点又分主触点和辅助触点两类，主触点可通过较大的电流，接于电动机主电路中，辅助触点容量较小（通断电流小于 5A），可用于接触器的控制回路。由于主触点分断电路时要产生较大电弧，故均配有灭弧罩。

当吸引线圈通电时，动铁芯被吸合，带动触点桥向下运动，闭合主触点并使部分辅助触点闭合、部分辅助触点断开。凡吸引线圈通电时闭合的触点称为动合触点；凡吸引线圈通电时断开的触点称为动断触点。当吸引线圈断电时，在恢复弹簧的作用下，动铁芯返回，带动所有触点恢复到未通电的状态。接触器的文字符号为 KM，线圈与触点的图形符号如图 6-7 (c) 所示。

交流接触器的线圈额定电压有 220、380、500V 几种，主触点额定电流有 5～150A 多种规格，可用于 75kW 以下电动机的起动。

六、热继电器

热继电器是利用感温元件受热而动作的一种继电器，它主要用来保护电动机免于过载，其外形和结构如图 6-8 (a)、(b) 所示。它由发热元件、双金属片、中间传动部分及触点构成。发热元件是一段电阻不大的电阻丝或电阻片，它位于双金属片的外部，两者由耐热的绝缘层隔开。双金属片是由两层热膨胀系数不同的金属压紧而成，它受热时会向膨胀系数较小的材料一侧弯曲。热元件串接在电动机电路中，当发生三相对称负载过载时，在电流热效应的作用下，双金属片向一方弯曲，推动传动导板向右运动，并通过补偿双金属片及弓形弹簧，使相应触点动作并最后断开电动机主电路或发出信号。

热继电器动作后，双金属片有一个冷却恢复过程，这时触点仍保持动作时的状态。要使热继电器继续动作，约需 2min 后并按动复位按钮才行。当采用自动复位工作方式时，须将复位调节螺钉旋入，这时继电器在动作 5min 后可自行恢复。热继电器文字符号为 FR，图形符号如图 6-8 (c) 所示。

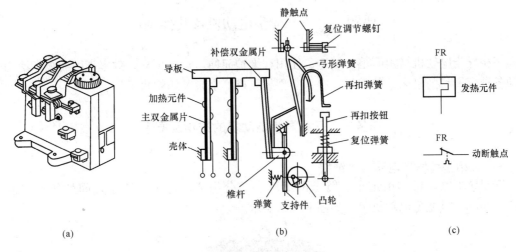

图 6 - 8　热继电器

(a) 外形；(b) 结构示意；(c) 图形符号

由于热惯性，热继电器不能用于电动机的短路保护，因为短路电流虽大，但双金属片因热惯性原因不可能很快弯曲，而短路电流却会在很短的时间内造成严重的后果。不过双金属片存在热惯性也十分有利，在电动机起动或短时过载时，热继电器不会动作，这可避免电动机不必要的停车。

选用热继电器应根据负载（电动机）的额定电流来确定其型号和加热元件的电流等级。选择原则是应使继电器的发热元件的额定电流稍大于或等于电动机的额定电流。

思考与讨论

1. 对于特定的电力系统，熔断器的额定电流越大越好，对吗？为什么？

2. 如图 6 - 9 所示的三刀开关的手动控制电路中，为了显示某一相熔断器是否熔断，可以在每相熔断器两端并联一个指示灯，试说明其理由。

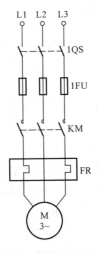

图 6 - 9　思考与讨论题 2 图

课题二　三相异步电动机及其控制

三相异步电动机结构简单，制造、使用和维护简便，运行可靠，效率高因而被广泛用来驱动各种金属切削机床、起重机，中、小型鼓风机，水泵及纺织机械等。

任务一　三相异步电动机的结构及原理

一、三相笼型异步电动机的结构

三相异步电动机均由定子、转子两个基本部分组成，定子和转子之间的气隙一般为 0.25～2mm。其笼型电动机组成如图6-10所示。

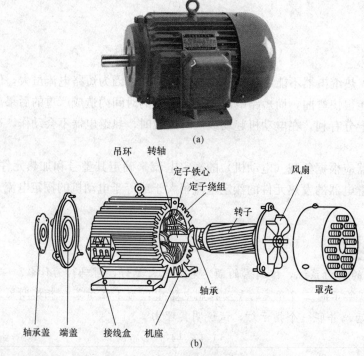

(a)

(b)

图6-10　笼型三相异步电动机的结构

(a) 外形；(b) 分解图

图6-11　笼型三相异步电动机的定子铁芯

1. 定子

电动机的静止部分称为定子。主要有定子铁芯、定子绕组和机座等部件。

(1) 定子铁芯。它是电动机磁路的一部分，为减小定子铁芯中的损耗，常用0.35～0.5mm厚的硅钢片叠成。硅钢片的内圆上，冲有均匀分布的凹槽用来嵌放定子绕组，如图6-11所示。

(2) 定子绕组。定子绕组是用绝缘的铜导线绕制、按一定规律连接成的三相绕组，其作用是通入三相对称交流电，产生旋转磁场。三相绕组的 6 个引出端分别接到机座外壳的接线盒中，绕组的首、末端子分别标记为 U1、U2，V1、V2，W1、W2。三相定子绕组根据电源电压和电动机额定电压，可作星形或三角形连接。图 6-12 所示是定子三相绕组的引出端在接线盒内的连接图。

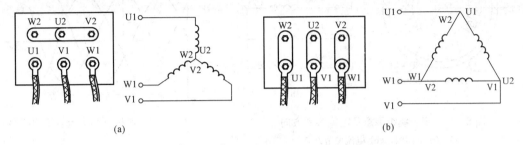

（a）　　　　　　　　　　　　　　　（b）

图 6-12　定子绕组引出端在接线盒内的连接图

(a) 星形接法；(b) 三角形接法

（3）机座。机座一般用铸铁或钢板制成，用来固定和防护定子铁芯和绕组，并以两个端盖支撑转子，同时保护整台电动机的电磁部分和散发电动机运行中产生的热量。

2. 转子

转子是电动机的旋转部分。它主要由转子铁芯、转子绕组、转轴和风扇组成，如图 6-13 所示。

（1）转子铁芯。也是电动机磁路的一部分，一般由 0.5mm 厚相互绝缘的硅钢片冲制叠压而成，并紧固在转子轴上。转子表面开有均匀分布的凹槽，用来放置转子绕组。图 6-14 所示为转子铁芯的冲片。

图 6-13　笼型三相异步电动机的转子　　　　图 6-14　转子铁芯冲片

（2）转子绕组。转子绕组结构与定子绕组不同，其作用是产生感应电动势和感应电流，并在旋转磁场的作用下产生电磁力矩而使转子转动。

二、定子三相合成旋转磁场

1. 旋转磁场的产生

图 6-15（a）所示电动机的三相绕组 U1—U2、V1—V2、W1—W2 尺寸、匝数完全相同，只是空间位置互差 120°，这样的三相绕组称为对称三相绕组。假设三相绕组星形连接，电流参考方向由首端指向末端，各相绕组轴线方向与电流参考方向符合右手螺旋关系，如图 6-15 所示。

当图 6-15 所示的对称三相绕组接上对称三相交流电压时，便在三相绕组中流过对称三相交流电流，其波形如图 6-16 所示。

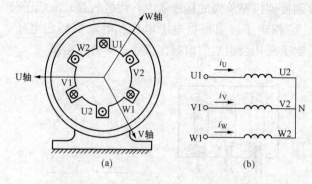

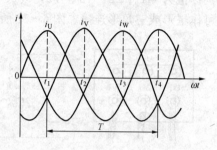

图 6 - 15　定子绕组示意及电流参考方向
(a) 定子剖面图；(b) 电流参考方向

图 6 - 16　对称三相交流电流的波形

选择 t_1、t_2、t_3、t_4 四个不同瞬时，根据各相电流的实际方向，应用右手螺旋定则判断各瞬时定子三相绕组的合成磁场方向，如图 6 - 17 所示。

例如当 $t = t_1$ 瞬时，$i_U > 0$，U 相绕组电流由首端（U1）流向末端（U2）；$i_V < 0$、$i_W < 0$，V、W 相绕组电流由末端流向首端。由右手螺旋定则判断三相绕组合成磁场的方向如图 6 - 17（a）中的虚线箭头所示。用同样的方法分析 t_2、t_3、t_4 瞬时的情况，可以分别得到图 6 - 17（b）、（c）、（d）所示的合成磁场方向。

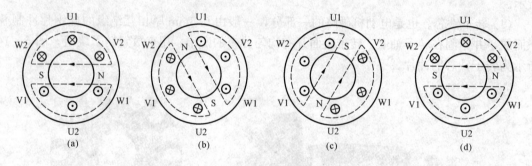

图 6 - 17　定子旋转磁场形成示意图
(a) $t = t_1$；(b) $t = t_2$；(c) $t = t_3$；(d) $t = t_4$

以上分析表明，在对称三相定子绕组中，通入对称三相交流电流，产生一个不断旋转的合成磁场。

2. 旋转磁场的旋转方向

由图 6 - 17 可见，在定子对称三相绕组中通入相序为 U—V—W 的对称三相交流电流时，旋转磁场按绕组轴线 U—V—W 顺序旋转。

若图 6 - 17（a）所示三相绕组的排列顺序不变，只是把三相绕组中电流的相序改为 U—W—V，也就是将与定子绕组任意两首端相接的电源线对调，合成旋转磁场将按绕组轴线 U—W—V 的顺序旋转，旋转方向反向。所以，旋转磁场的旋转方向取决于定子绕组中三相电流的相序，磁场方向总是从电流相序在前的绕组轴线转向电流相序在后的绕组轴线。

3. 旋转磁场的转速

由以上分析可知，在空间上互差 120° 的定子三相绕组中通入对称三相交流电，产生的合成磁场只有两极，即磁极对数 $p = 1$。在实用中，可以通过改变定子绕组的结构和接法，来实现三相异步电动机的多极化。

一般地说，当定子绕组具有 p 对磁极时，电流变化一个周期，旋转磁场在空间只转过 $1/p$ 圈。由于电流的频率为 f，则旋转磁场每秒钟转过 f/p 圈，而每分钟合成旋转磁场转过的圈数为

$$n_1 = \frac{60f}{p} \tag{6-1}$$

式（6-1）中 f 的单位为 Hz，n_1 的单位为 r/min（转/分）。

由此可见，合成旋转磁场的转速 n_1 与电流频率 f 成正比，与定子绕组合成磁场的磁极对数 p 成反比。其中，n_1 称为同步转速。

三、转子转动原理

当定子绕组流过对称三相电流后，在定子内产生一个转速为 n_1 的合成旋转磁场。由定子三相绕组中电流相序可知，旋转磁场沿逆时针方向旋转。转子未转动时，转子导体与旋转磁场之间有相对运动，因而在转子导体内产生感应电动势，因转子导体两端是闭合的，所以便有感应电流流过。转子电流方向由右手定则确定。

转子导体中的电流与旋转磁场相互作用产生电磁力 F，其方向由左手定则确定，如图 6-18 所示。这个电磁力 F 对转子产生驱动性的电磁转矩 T_{em}，拖动转子沿着旋转磁场的旋转方向以转速 n 转动。

应注意，现已出现两个转速，一个是定子合成旋转磁场的同步转速 n_1，另一个是转子转速 n。

感应电动机转子转速（n）总是小于定子合成旋转磁场的同步转速（n_1），正因为如此而称之为异步电动机。通常，将同步转速 n_1 与转子转速 n 之差与同步转速 n_1 的比值，称为异步电动机的转差率，用 s 表示，即

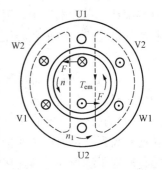

图 6-18　转子转动原理图

$$s = \frac{n_1 - n}{n_1} \tag{6-2}$$

当电动机处于静止状态时，转子转速 $n=0$，则 $s=1$；当转子转速接近于同步转速时，即 $n \approx n_1$ 时，则 $s \approx 0$。可见，异步电动机转速范围是：$0 < s \leqslant 1$。一般，异步电动机在额定负载运行时，额定转差率 $s_N = 0.01 \sim 0.06$。

【例 6-1】　有一台三相异步电动机，电源频率为 50Hz，磁极对数为 4，求同步转速。

解：由式（6-1）可知

$$n_1 = \frac{60f}{p} = \frac{60 \times 50}{4} = 750 \text{ (r/min)}$$

思考与讨论

1. 什么是三相电源的相序？就三相异步电动机本身而言，有无相序？

2. 三相异步电动机的转子绕组如果是断开的，是否还能产生电磁转矩？

3. 某些国家的工业标准频率为 60Hz，这种频率的三相异步电动机在 $p=1$ 和 $p=2$ 时的同步转速是多少？

4. 三相异步电动机在正常运行时，若电源电压下降，电动机的转速有何变化？

任务二　三相异步电动机的控制

一、三相异步电动机的起动

电动机从接上电源开始转动到稳定运转的过程称为起动。起动时的定子电流称为起动电流。电动机刚接通电源转子未动，合成旋转磁场以同步转速切割转子绕组，在转子绕组上产生很大的感应电流。同时，在定子绕组中相应出现很大的起动电流，其值为额定电流的 5～7 倍。

所以，电动机起动时应关注两个问题：一是应限制起动电流在允许范围之内；二是应使起动转矩大于负载转矩。为此，应选择适当的起动方法。下面以笼型三相异步电机为例加以说明。

1. 直接起动

直接起动就是电动机在额定电压下的起动。一般规定异步电动机的功率小于 7.5kW 或电动机的容量不超过电源容量 15%～20% 的情况都可以直接起动。

直接起动所用设备简单，操作方便，起动转矩大，起动时间短。凡是能直接起动的都应直接起动。在发电厂中，因为电源容量大，一般三相异步电动机都是直接起动。不允许直接起动的电动机，应采用降压起动。

2. 降压起动

电动机起动时降低电压，当转子接近额定转速时再加上额定电压运转，这种起动方法称为降压起动，只适用于空载或轻载下的起动。常用的两种降压起动方法如下。

（1）星形—三角形（丫—△）降压起动。起动时，先将定子三相绕组星形连接，待转子转速升高到一定值后再改接成三角形，如图 6-19 所示。显然，这种起动方法只适用于正常运行时定子绕组为△形连接的电动机。

（2）自耦变压器降压起动。它是利用自耦变压器降低加在定子绕组上的起动电压的起动方法，如图 6-20 所示。起动时，开关 S 合向左侧，自耦变压器投入起动，起动后再将 S 合到右侧，自耦变压器退出工作，使电动机在全压下运转。

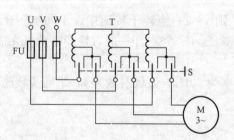
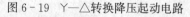
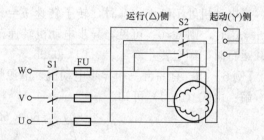

图 6-19　丫—△转换降压起动电路　　　　图 6-20　自耦变压器降压起动电路

一般自耦变压器的二次绕组有三个抽头，分别为电源电压的 0.4、0.6、0.8 倍，起动时可根据对起动电流和起动转矩的不同要求，灵活地选择抽头。无论电动机正常运行时是星形连接还是三角形连接，这种起动方法都是适用的。

二、三相异步电动机的调速

为了满足生产机械调速的要求，三相感应电动机的转速（n）需要相应调节。由式（6-1）、式（6-2）可知转速

$$n = (1-s)n_1 = (1-s)\frac{60f}{p} \qquad (6-3)$$

1. 变电源频率 f 调速

欲使电源频率可调，必须有一套变频电源设备。通常采用晶闸管变频技术使电动机的电源频率连续可调。电动机的变频调速范围宽、无级（即连续）平滑，是一种理想的调速方法。

2. 变磁极对数 p 调速

改变定子绕组的结构和连接方式，使磁极对数改变，进而使转子转速（n）也成倍改变，这是一种有级调速。这种调速方法的优点是所需设备简单；缺点是绕组的引出头多，调速级数少。

3. 变转差率 s 调速

变转差率调速是在不改变同步转速 n_1 的条件下进行调速，通常只用于绕线型电动机，是通过转子电路中串接调速电阻来实现的。此方法简单，调速平滑，可以利用晶闸管串级调速系统解决效率降低和转速太低时运行不稳定问题，目前一般应用于大型的起重机设备中。

三、三相异步电动机的制动

1. 反接制动

反接制动是通过开关装置，将三相电源的任意两相对调，使电动机定子旋转磁场方向与转子转动方向相反，从而产生制动电磁转矩，使电动机迅速停转。例如图 6-21 所示电路，当开关 S 切断电源后合向左侧，将 U、V 相对调，以实现反接制动。

反接制动时，通常在定子绕组中串入限流电阻。应注意，一旦转子停转，要及时迅速切断电源，避免电动机反向起动。反接制动方法只适用于小功率三相感应电动机。

2. 能耗制动

能耗制动如图 6-22（a）所示。欲使电动机迅速停机制动时，当切断三相电源后，立即将定子两相绕组改接到直流电源上，这时在气隙中便产生一个静止的磁场，转子因机械惯性作用而继续旋转，切割静止磁场，由右手定则可知，在转子绕组便产生如图 6-22（b）所示的感应电流，该电流在静止磁场的作用下产生对转子制动的电磁转矩 T_{em}，从而使电动机迅速停转。可见，能耗制动就是把转子的动能转变为电能，消耗在转子回路中。

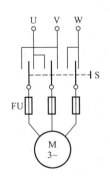

图 6-21 反接制动示意图

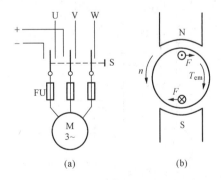

图 6-22 三相感应电动机能耗制动

(a) 电路；(b) 制动原理图

3. 回馈制动

在电动机工作过程中，由于外来因素的影响，使电动机转速 n 超过旋转磁场的同步转速

n_1，进入发电机状态，此时电磁转矩的方向与转子转向相反，变为制动转矩，电机将机械能转变成电能向电网反馈，故又称为再生制动或发电制动。

在生产实践中，异步电动机回馈制动出现在电动机变极、变频调速或位能负载快速下放的过程中。

四、低压三相异步电机的常用控制电路

在低压三相异步电机的控制电路中，除对在个别场合下使用的小容量电动机采用负荷开关通、断负荷电流外，大部分电动机广泛采用的是由接触器、继电器构成的控制电路，称为继电—接触器控制。其优点是操作方便、省时、省力，能有效地自动保护电动机。

简要说明：在三相异步电机控制电路的原理图中，首先，主电路和（辅助）控制电路是分开画出的，主电路画在辅助控制电路的左边或上边；其次，同一电器的各部件，如接触器的线圈和主、辅触点，也是按其作用和连接的不同分画在电路的有关环节中，为了表明它们属于同一电器，各部件用同一设备文字符号标注（如接触器的线圈、触点都标注为 KM）；再次，规定原理图中所有触点状态，均为未通电、未发生机械动作前的状态。

1. 点动正转控制电路

点动正转控制电路如图 6-23 所示。这种控制电路适用于电动机经常起动和停止的场合。其工作原理是：电动机起动时，先合上电源开关 QS，然后按下起动按钮 SB，接触器线圈通电，其主触点 KM 闭合，电动机起动运转；松开起动按钮，接触器线圈断电，其主触点断开，电动机断电而停转。熔丝 FU 作为短路保护使用。

2. 自锁正转控制电路

自锁正转控制电路如图 6-24 所示。其工作原理是：起动时，先合上电源开关 QS，然后按下起动按钮 SB1，交流接触器线圈通电，其主触点 KM 闭合，电动机 M 起动，同时，接触器辅助动合触点也闭合，闭锁起动按钮。当松开起动按钮后，靠已闭合的接触器辅助动合触点，继续维持接触器线圈通电和主触点闭合，保证电动机继续运转。接触器辅助触点的这一作用称为自锁，该触点称为自锁触点。欲使电动机退出工作，只需按下停止按钮 SB2，则接触器线圈断电，其主触点断开，电动机停转，最后断开电源开关 QS。

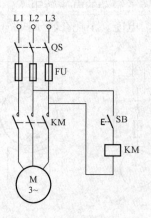

图 6-23　三相感应电动机的
点动正转控制电路

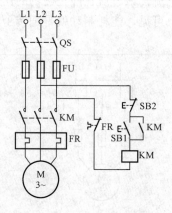

图 6-24　三相感应电动机的
自锁正转控制电路

在图 6-24 中，熔断器 FU 作为短路保护，热继电器 FR 作为电动机过载保护。当电动机过载时，串接在控制回路中的热继电器动断触点 FR 断开，接触器线圈断电，其主触点断开，切断电动机的主电路，电动机停转。接触器本身具有失压保护功能，即当电压消失或低于某一数值时，接触器的固定铁芯对衔铁的电磁引力小于弹簧的反作用力，释放衔铁，将接触器的主触点断开。

3. 可逆控制

生产中往往要求某个部件正、反两个方向运动，这就要求拖动它的电动机进行正、反向旋转，即需可逆控制。利用两个接触器的互锁可实现三相感应电动机频繁正、反转控制电路，如图 6-25（a）所示。它是由两套单向控制电路组成：起动按钮 SB1 和接触器 KM1 负责电动机正转控制；起动按钮 SB2 和接触器 KM2 负责电动机的反转控制。

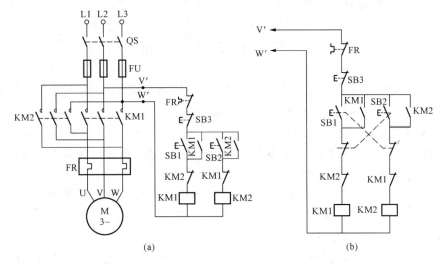

图 6-25 接触器连锁的电动机正、反转控制电路
（a）接触器触点互锁；（b）接触器触点、复合按钮触点互锁

其工作原理如下。

（1）电动机起动时，先合上电源开关 QS，欲使电动机正转，按下正转起动按钮 SB1，正转接触器 KM1 线圈通电，正转接触器 KM1 主触点闭合，电动机正转。

（2）欲使电动机反转，先按下停止按钮 SB3，使正转接触器 KM1 线圈断电，与反转接触器 KM2 线圈串联的正转接触器辅助动断触点 KM1 闭合，然后再按下反转起动按钮 SB2，反转接触器 KM2 线圈通电，反转接触器 KM2 主触点闭合，将电动机原来接于电源 U、W 两相绕组的相线对调，使电动机三相绕组的电流相序改变，实现电动机的反转。

欲使电动机退出工作，只需按下停止按钮 SB3，使接触器断电，其主触点断开，最后断开电源开关 QS。

4. 多地控制电路

为了操作方便，有时要求能在不同地点对同一台电动机进行起动、停止控制。例如发电厂中的给水泵电动机，要求在主控制室、机房都能起、停操作。图 6-26 所

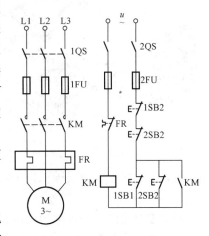

图 6-26 三相感应电动机的
两地控制线路

示为两地控制电路。其接线原则是：不同处的所有起动按钮（如 1SB1、2SB1）并联连接；所有停止按钮（如 1SB2、2SB2）串联连接，将各对起动、停止按钮（如 1SB1、1SB2）安装在不同地点，即可实现多地控制。这样按下任一起动按钮或停止按钮，都可以使电动机起动或停止。

思考与讨论

1. 在电源电压不变的情况下，如果电动机的三角形连接误接成星形，或者星形连接误接成三角形，其后果如何？

2. 星—三角形降压起动是降低了定子线电压还是定子相电压？

课题三　同步发电机

发电机是发电厂的主要设备，其功能是将原动机转轴上的机械能通过发电机转子与定子间的磁场耦合作用，转换到定子绕组上变成交流电能。

按照原动机的不同，通常把同步发电机分为：水轮发电机、汽轮发电机、燃气轮发电机及柴油发电机等。水轮发电机和柴油发电机的转速较低，极数较多，多采用凸极式转子。汽轮发电机和燃气轮发电机的转速很高，则采用隐极式转子。

在现代电力系统中，几乎全部的交流电能是由同步发电机发出的。下面简要介绍汽轮发电机的基本结构、同步发电机的基本工作原理以及发电机的并列运行。

一、同步发电机的基本结构

随着容量和冷却技术的发展，汽轮发电机的结构出现很大的变化，但主要结构部件没有改变。下面以汽轮发电机为例说明同步发电机的主要结构部件及其作用。汽轮发电机的外形如图 6-27 所示，图 6-28 所示为一台 600MW 汽轮发电机的实物图。

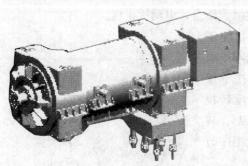

图 6-27　汽轮发电机的外形

图 6-28　600MW 汽轮发电机的实物图

汽轮发电机主要由定子和转子两大部分组成。

1. 定子

同步发电机的定子也称为电枢，由定子铁芯、定子绕组、机座和端盖等部件组成。

（1）机座和端盖。机座和端盖也称为电机的外壳，主要起固定电机的作用，由厚钢板焊接而成。机座和铁芯外圆之间留有空间，加上隔板形成风道。外壳、端盖和隔板构成的空间，加上风道、冷却器及风扇等，构成密闭的通风冷却系统。图 6-29 和图 6-30 分别是 600MW 汽轮发电机的机座和端盖实物图。

图 6-29 汽轮发电机的机座

图 6-30 汽轮发电机的端盖

（2）定子铁芯。定子铁芯是由 0.5mm 厚的两面涂有绝缘漆的硅钢片冲成带有开口槽的扇形片按圆周拼合叠装而成，如图 6-31 所示。定子铁芯沿轴向长度每隔 3~6cm，留有 0.6~1cm 的径向通风沟，以增加定子铁芯的散热面积，实物如图 6-32 所示。定子铁芯主要存放定子绕组，也是磁路的一部分。

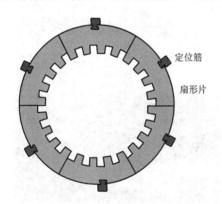

图 6-31 定子铁芯片

图 6-32 300MW 汽轮发电机定子铁芯

（3）定子绕组。汽轮发电机的定子绕组一般为双层叠绕组。它由扁铜线绕制成形后，包以绝缘而成，图 6-33 所示为汽轮发电机定子绕组端部实物图。直线部分嵌于槽内，是感应电动势的有效部分，端接部分有两个出线端头，用以绕组的连接。

2. 转子

转子由转子铁芯、励磁绕组、护环、滑环和风扇等组成。外形如图 6-34 所示。

（1）转子铁芯。发电机转速很高，转子所受离心力很大，由于导磁和固定励磁绕组的要求，转子铁芯由高机械强度和导磁性能好的合

图 6-33 汽轮发电机定子绕组端部

金钢锻成。转子表面铣有辐射形的开口槽,如图6-35所示。转子圆周上有三分之一部分没有槽,称为大齿,为发电机的主磁极。

图6-34 汽轮发电机转子

图6-35 330MW汽轮发电机转子铁芯

(2)励磁绕组。励磁绕组是由扁铜线绕成的同心式绕组,主要作用是给发电机励磁。励磁绕组在槽内部分靠槽楔压紧。图6-36所示为嵌装完成励磁绕组后的转子。

(3)护环和中心环。护环是一个圆筒形的钢套,中心环是一个圆盘形的环,如图6-37所示。护环套紧励磁绕组端部,中心环支持护环和防止端部的轴向位移。它们主要起保护励磁绕组端部的作用。

图6-36 嵌装完成励磁绕组后的转子

图6-37 汽轮发电机的护环

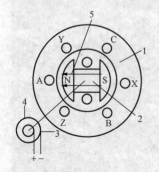

图6-38 三相同步发电机的
原理示意图

1—定子铁芯;2—转子;3—电刷;
4—滑环;5—磁力线

(4)滑环(集电环)。直流励磁电流是通过电刷和滑环引入转子励磁绕组的,滑环套于隔有云母绝缘的转轴上。

(5)阻尼绕组。有的大容量汽轮发电机转子上装有阻尼绕组。它是一个短路绕组,起阻尼作用,能减小过渡过程中的振荡。

二、三相同步发电机的基本工作原理

同步发电机是利用电磁感应原理将机械能转换为交流电能的。

图6-38所示为三相同步发电机的原理示意图。在定子的铁芯槽内安放着空间相隔120°电角度的三相对称绕组 AX、BY、CZ。转子是磁极,绕有励磁绕组。当励磁绕组通入直流电流后,建立转子磁场。转子由原动机带动匀速旋转,转子磁

场不断切割定子三相对称绕组，就在三相绕组中感应出三相交变电动势，若带上三相负载便向负载输送三相交流电能，从而将来自原动机的机械能转化成了交流电能。

由于三相绕组对称，所以在三相绕组中感应电动势也是对称的。转子磁场旋转，切割定子绕组在时间上有先后，当转子为顺时针方向旋转时，先被切割的相绕组为 A 相，则后被切割的两相分别是 B 相和 C 相，即三相电动势的相序与转子的转向一致，相序取决于转子的转向。

由图 6-38 可知，转子转过一对磁极，电动势就经历了一个周期的变化；若转子有 p 对磁极，转子以每分钟 n 转的转速旋转，则每分钟内感应电动势变化 pn 个周期；电动势在 1s 内所变化的周期数称为交流电的频率，于是有

$$f = \frac{pn}{60}$$

对已制造好的同步发电机，磁极对数 p 一定，要求 $f=50\text{Hz}$，转速必为恒定。换句话说，电动势频率和转速之间保持严格不变的关系，这就是同步发电机的特点。

三、同步发电机的并列运行

现代发电厂通常采用几台发电机并列起来运行，其主要优点有：①可以根据负载的变化来调整投入运行的机组台数，使发电机组在较高的效率下运行；②便于轮流检修，提高供电的可靠性；③可以提高供电的质量及供电的可靠性。此外，电力系统中的火电厂和水电站可以相互配合，在枯水期间主要由火电厂发电，丰水期间则由水电站发出大量廉价的电力。这样，水电站和火电厂并列可综合利用能源，降低电能成本，从而使整个电力系统在最经济的条件下运行。

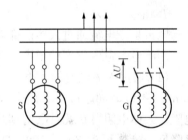

图 6-39 发电机并列时接线示意图

所谓并列投入，就是将发电机并列到电网的过程，也称为并车。图 6-39 中 S 代表电网的等效发电机，G 代表待并的发电机。同步发电机的并列运行，是同步发电机的最基本的运行方式。

1. 并列条件

发电机投入电网时，为了避免在发电机和电网中产生冲击电流，从而在发电机转轴上产生冲击转矩，待并的发电机应满足下列条件。

（1）发电机的相序应与电网相序一致。

（2）发电机的频率应与电网频率相同。

（3）发电机的电压与电网电压大小相等，相位相同，即 $\dot{U}_G = \dot{U}$。

（4）并列断路器主触头闭合瞬间，两侧电压间的相角差为零。

上述四个条件中，其中第一个条件必须满足。其他三个理想条件在实际并列操作中允许有一定的偏差，但偏差值严格控制在一定的允许范围内。

2. 投入并列的方法

将发电机投入电网并列有两种不同的方法：准同步法和自同步法。大型汽轮发电机正常并列一般采用准同步法。

准同步法就是发电机必须调整到完全符合投入并列的条件，然后投入电网。大型发电厂中的并列操作都采用全自动准同步装置进行。这种方法的优点是合闸时没有冲击电流；缺点是操作复杂，较费时。当电力系统出现故障情况，急需发电机并入电网予以补充时，由于电

网的频率和电压可能因事故而发生波动，准同步法往往很难实现，这时可采用自同步法。

自同步法是在已知发电机的相序与电网相一致的情况下先将励磁绕组通过适当的电阻短路，同时把发电机带动到接近同步转速（相差±2%～5%），在没有通直流励磁电流情况下，将发电机并入电网，然后将直流电加于励磁绕组上，调节励磁使发电机的转子由自同步作用牵入同步。这种方法的优点是操作简单、迅速，不需要增加复杂的并列装置；缺点是合闸后，产生冲击电流较大。

举例说明同步发电机与异步电动机结构上和工作原理的主要异同。

*课题四　安全用电常识

人体触及电压较高的带电体并导致局部受伤或死亡的现象称为触电。

一、触电伤害

触电分为电击和电伤两种。

1. 电击

电击是指电流通过人体内部对器官造成的伤害。

影响电击危害程度的因素主要有以下几个。

（1）通过人体电流的大小。当工频电流超过 10mA，触电人就不能自我摆脱电源，超过 50mA，持续时间超过 1s，就会有生命危险，而决定电流大小的因素是人体上的电压和人体电阻。人体电阻可在几百欧姆到几万欧姆范围内变化，皮肤破损或潮湿脏污时，人体电阻显著降低，最低可达 800～10001Ω 以下，按着致命电流（50mA）和人体最小电阻（800～1000Ω）计，对人有致命危险的工频最小电压为 40～50V。

（2）电流通过人体的持续时间。时间越长，后果越严重。

（3）电流通过人体的途径。当电流通过心脏时，会引起心室震颤，较大的电流还会使心脏停止跳动，使血液循环中断导致死亡。经验表明，在电流通过人体的途径中，最危险的途径是从手→胸部（心脏）→脚；较危险的途径是从手→手；危险较小的途径是从脚→脚。

2. 电伤

电伤是电流对人体外部的伤害，电伤又叫电灼。电伤往往在人体表面留下伤痕，严重时，也会导致死亡。例如，错误的带负荷拉闸（即带负荷拉无灭弧能力的隔离开关）会被电弧或从中溅出的金属液体烧伤。

二、安全用电措施

安全用电最根本的保证是要重视用电安全，树立"电业工作安全第一"的思想，学习并掌握安全用电知识，严格执行《电业安全工作规程》。常用的安全用电措施简述如下。

（1）发电厂（或其他厂矿）内的高压电气设备都设有固定遮栏，未经允许，严禁入内。

（2）在电动机所拖动的机械设备上工作时，应注意警示牌上的警示内容，不得随意触动按钮和开关。

（3）对于由电源中性点直接接地的三相四线制供电的电气设备，应该实施保护接零，即将用电设备的金属外壳用导线接到中性线上，如图6-40所示。当用电设备的一相（如图中L3相）漏电时，因中性线电阻很小，将出现很大的短路电流，必将引起电源开关（图中未画出）自动跳开或熔断器熔体熔断，切断电源，使用电设备的外壳对地电压消失。

应当指出，对于临时接的单相用电设备，为了确保实施保护接零，应使用三脚插座和三脚插头（如图6-40所示），将与设备的金属外壳相接的导线，经过插头上的插脚、插座上的插孔（E孔）与中性线相接。

（4）对于由电源中性点不接地的三相三线制供电的用电设备，应实施保护接地。所谓保护接地，就是将用电设备的金属外壳，采用具有一定截面、被称为接地线的导线与埋入地下的接地体（金属导体）连在一起的措施，如图6-41所示。接地线与接地体合称接地装置。若用电设备的一相（如图6-41中L3相）漏电时，流过外壳的电流是其他两相对地电容电流的（相量）和。当人体触及设备的金属外壳时，因为接地装置的接地电阻很小，一般不超过4nΩ，不及人体电阻的百分之一，因而电流主要流过接地装置，流过人体的电流极小，这就保证了触电人的安全。接地线一定要保持其良好状态，不能随意拆开、损伤、折断。

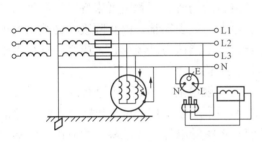

图6-40 用电设备的保护接零

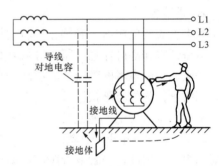

图6-41 用电设备的保护接地

（5）使用电气工具应正确选择安全电压。安全电压是指在各种不同环境下，人体接触带电体后，不发生任何伤害的电压。由前已知，安全电压在40~50V以下。我国规定交流安全电压有效值为42、36、24、12、6V五种，供不同条件下选用。

合理选择常用电气工具的安全电压，如行灯、机床照明灯等，一般选用36V的电压，在金属容器（如汽鼓、凝汽器、槽箱等）内选用24V及以下的电压，在特别潮湿的场所中，必须采用不高于12V的电压。

（6）安装漏电保护器。当发生人体触电时，漏电保护器迅速动作切断电源，使触电者迅速脱离危险。

尽管采取了上述安全用电措施来防止触电，但由于工作疏忽，有时也会发生触电事故，因此还要注意以下安全用电事项。

（1）任何情况下，不得用手的触摸来代替验电工具鉴定导体是否带电。

（2）在电气设备上作业必须在停电情况下进行，如必须带电作业，应采取安全措施（如站在绝缘板上或穿绝缘靴，戴绝缘手套等），作业时应有专人监护。

（3）带电的导线头，应用绝缘带包好，悬挂在人碰不到的高处。

（4）手枪电钻、电风扇之类的金属外壳必须实施保护接零。

（5）多人进行电工作业后恢复供电时，必须通知所有在场人员引起注意。

（6）当发现带电高压导线一相落地（断落点有时发生弧闪）时，应立即将故障地点隔离，人员应远离导线落地点，最好在 20m 以外。已受到跨步电压威胁（两腿有麻感）者，应采用单脚或双脚并拢方式迅速跳离危险区。

三、触电急救

1. 迅速断电

当发现有人触电时，应使触电者尽快脱离电源。

若触电发生在低压设备上，应立即断开电源开关。若电源开关不在附近，可用有绝缘柄的斧、钳子切断电源线，或用干燥的木棍、竹竿等绝缘物把导线挑开，或垫上干燥的绝缘物把触电者拉开。要防止挑开的导线触及其他人。在带电体与触电人未分开前，切勿用手拉触电人，以免救护人也发生触电。若触电人抓住电线牢牢不放，松开困难，这时，应使触电者与大地隔开；若触电者在较高的位置，在切断电源前，应事先采取安全措施，以免断电后触电者跌下摔伤。

若为高压触电，救护者必须按电压等级戴绝缘手套、穿绝缘靴或使用绝缘杆等工具进行救护，否则就一定要断开电源断路器并拉开两侧隔离开关，才能靠近触电者。

2. 迅速抢救

触电人脱离电源后，必须立即将他抬至空气清新的场所。若触电者未昏迷，心脏仍在跳动，可解开衣扣静卧休息，留人守候观察。若触电者已失去知觉，停止呼吸，必须马上进行人工呼吸。若触电者的呼吸、心脏跳动均已停止，仍不能认为已经死亡，应立即进行人工呼吸，同时进行胸外心脏按压，并请医生前来输氧、抢救。

触电急救时切记不能拖延时间。统计资料表明，触电后 1min 开始急救的，90%有良好效果；触电后 6min 开始急救的，10%有良好效果，而触电后 12min 才开始急救的，救活的可能性很小。因此，当触电者脱离电源后，不应马上将触电者送往医院，而应该立即就地急救。这正是人人都需学会触电急救法的原因。

技能训练　电动机的简易测试及控制电路的练习

一、训练目的

（1）了解三相异步电动机的简易测试方法。

（2）学习绝缘电阻表的使用方法。

（3）了解三相异步电动机的起动特性。

（4）加深对电动机控制原理的理解，练习电动机控制电路的接线。

二、实训设备与仪器

（1）三相异步电动机（星形连接，2kW 以下），1 台。

（2）继电接触控制挂箱，1 件。

（3）万用表和绝缘电阻表（1000V），各 1 块。

（4）断路器（如图 6-42QF4），1 个。

（5）交流接触器（如图 6-42KM5），1 个。

（6）动合、动断按钮，各 1 个。

三、实训原理及说明

三相异步电动机拖动生产机械，对电动机起动的主要要求如下：①具有较大的起动转矩来拖动机械，即起动转矩大于负载转矩；②起动电流越小越好，避免较大起动电流对于电网和电动机的冲击；③起动要求平滑，以减小对负载的冲击；④起动设备安全可靠，力求结构简单，操作方便；⑤起动过程中的功率损耗越小越好。

三相异步电动机的 U、V、W 三相绕组中实现 U、W 两相绕组的相线对调，即可使电动机三相绕组的电流相序改变，实现电动机的反转。电动机自锁正转控制电路的接线可以参照图 6-42 进行。

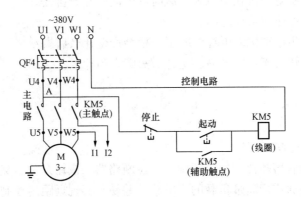

图 6-42 三相异步电动机的自锁正转控制电路

四、实训内容与操作步骤

1. 电动机使用前的简易测试

（1）用手转动电动机转轴，看是否灵活，有无摩擦声或其他异常声，观察润滑油有无泄漏。

（2）用万用表欧姆挡（R×1）测量三相绕组的直流电阻，检查各相绕组有无断线，正常情况下，三相绕组的直流电阻应相等。

（3）用绝缘电阻表测量绕组相间及相对地（外壳）的绝缘电阻，将结果记录下来。正常情况下各绝缘电阻应不低于 0.5MΩ。

2. 电动机自锁正转控制电路接线练习

（1）按图 6-42 接线。注意接线应符合电动机铭牌要求。其中，I1 和 I2 两点分别接至万用表的两个探头。

（2）合上断路器 QF4，按下控制面板上"起动"按钮，观察万用表电流大小并记录。

（3）按下控制面板上"停止"按钮。

（4）装上传动皮带并旋紧加载螺钉，使三相异步电动机处于加载状态；重复上述步骤（3）与（4）。

（5）切断交流电源。

* 3. 电动机正反转控制线路接线及操作（可选做）

（1）自行设计三相异步正反转控制线路及其正转、反转、停止按钮，经指导老师检查无误后再通电操作。

（2）按下正转按钮，观察并记录电动机的转向、接触器自锁和联锁触点的通断情况。

（3）按下停止按钮，观察并记录电动机运转状态、接触器各触点的通断情况。

（4）再按下反转按钮，观察并记录电动机的转向、接触器自锁和联锁触点的通断情况。

五、注意事项

为避免三相异步电动机缺相运行，在实验之前，一定要先将万用表（使用电流挡）的两个探头分别连至 I1、I2，以确保三相异步电动机正常运行（U1、V1、W1 三相均得电）。

六、报告与结论

（1）在报告中完成上面讨论内容。

（2）比较三相异步电动机在空载和加载时的电流，并分析之。

（3）画出正反转电路连接原理图。

（4）如果三相异步电动机的电源线断了一根会产生什么后果？

（5）电动机正反转直接切换容易产生什么故障，为什么？

本 章 小 结

一、常用的低压电器

常用的低压电器有熔断器、低压开关、低压断路器、按钮开关、交流接触器和热继电器等。接触器是用来接通或切断带负载的主电路，并易于实现远距离控制的自动切换电器，而继电器及其他一些控制设备是用来对主电路进行控制、监测及保护的电器。

二、三相异步电动机

1. 基本结构

主要由定子和转子组成。定子和转子都主要由铁芯和绕组组成。转子绕组按结构分为笼型和绕线型两种。

2. 工作原理

定子对称三相绕组接上对称三相交流电源产生旋转磁场。该旋转磁场切割转子绕组，在绕组中产生感应电流，转子电流所受电磁力对转子产生驱动性的电磁转矩。在该转矩作用下，转子克服所拖动的机械负载阻转矩，按一定的转速旋转，在此过程中电动机将吸收的交流电能转换成（转子）输出的机械能。由于转子转速恒低于定子旋转磁场的同步转速，故称为三相异步电动机。转差率（s）是电动机运行的重要参数。

3. 三相异步电动机的控制

（1）起动。电动机起动时，定子绕组中起动电流很大，一般为额定电流的 5～7 倍。为了减小起动电流，大容量的笼型电动机采用降压起动；绕线型异步电动机在转子三相绕组中串入可变起动电阻起动。

（2）调速。通过调整电源频率、改变定子绕组磁极对数、改变电源电压、对绕线型电动机调节转子回路的串接电阻，都可以调节电动机的转速。

（3）制动。反接制动和能耗制动。反接制动是通过开关装置，将三相电源的任意两相对调，使电动机定子旋转磁场方向与转子转动方向相反，从而产生制动电磁转矩，使电动机迅速停转。反接制动方法只适用于小功率三相感应电动机。能耗制动就是把转子的动能转变为电能，消耗在转子回路中。

4. 电动机的继电—接触器控制

电动机的继电—接触器控制电路是由接触器、熔断器、热继电器和控制按钮组成。电路对电动机具有起动（自锁）、停止、过载保护、短路保护及失压保护等多种功能。

三、同步发电机

1. 基本结构

同步发电机由发电机本体、励磁系统和冷却系统组成。发电机本体由定子、转子两部分组成。定子主要由铁芯、三相绕组和机座组成；转子主要由铁芯和励磁绕组组成。

2. 基本工作原理

转子励磁绕组通入励磁电流建立主磁场，转子由原动机拖动旋转切割定子三相绕组，在绕组中产生对称三相正弦交流电动势。当发电机向外供电时，定子产生的电枢旋转磁场与转子转向相同、转速相等，两者同步，正是由于这个原因才把这种发电机称为同步发电机。

3. 同步发电机并列

同步发电机并列时，大多采用准同步法并列，为的是避免发电机在并网时产生强烈的冲击电流和冲击转矩，并联时必须满足并列条件。

四、安全用电

对电气设备的安全用电应实施保护接地或保护接零。

习 题 六

一、填空题

6-1 常用控制按钮有两种类型的触点，其中通常情况下处于断开的触点称为_____触点，处于闭合的触点称为_____触点。

6-2 笼型异步电动机的起动方法有_____和_____两种。

6-3 三相异步电动机的调速方法有_____、_____和变转差率调速。

6-4 三相异步电动机常用的制动方法有_____、_____和回馈制动。

6-5 三相异步电动机三相定子电流产生的合成磁场为_____磁场，其转速 n_1 称为_____转速。

6-6 转差率是指三相异步电动机的_____与_____的比率。

6-7 三相异步电动机的反转可以通过把接到电动机上的三根电源线中的任意两根_____来实现。

6-8 同步发电机由_____、_____、_____三部分组成。

6-9 同步发电机常用的并联方式有_____和_____。

二、选择题

6-10 具有3对磁极的三相异步电动机在工频正弦电压作用下，其转速可能是（　　）r/min。

A. 1450　　　　　B. 980　　　　　C. 2920

6-11 一台三相异步电动机，在运行中，把定子两相反接，则转子的转速会（　　）。

A. 升高　　　　　B. 下降，一直到停转

C. 下降到零后，再反向旋转

D. 下降到某一稳定转速

6-12　异步电动机负载越重，其起动电流（　　）。

A. 越大　　　　　　　B. 越小　　　　　　C. 与负载大小无关

6-13　异步电动机负载越重，其起动时间（　　）。

A. 越长　　　　　　　B. 越短　　　　　　C. 与负载大小无关

三、简答与分析计算题

6-14　三相异步电动机的定子和转子各由哪几部分组成的？各部分的作用是什么？

6-15　简述三相异步电动机的工作原理。为什么转子转速总是低于定子旋转磁场的同步转速？

6-16　低压断路器具有哪些保护功能？

6-17　三相异步电动机在什么情况下转差率 s 为下列数值：①$s=1$；②$0<s<1$；③$s=0$。

6-18　两台三相异步电动机的电源频率为 50Hz，额定转速分别为 1430r/min 和 2900r/min，试问它们各是几级电动机？额定转差率分别是多少？

6-19　一台额定电压为 380V 的异步电动机在某一负载下运行，测得输入功率为 4kW，线电流为 10A，求这时的功率因数是多少？若输出功率为 3.2kW，则电动机的效率是多少？

6-20　一台三相异步电动机铭牌标出的电压为 380/220V，接线为Y/△，试问：

（1）电源线电压分别为 380V 和 220V，电动机三相绕组各应如何连接？

（2）在两种情况下，电动机的功率、相电压、线电压、相电流、线电流、功率因数及转速是否相等？

（3）如果接错，其后果如何？

6-21　同步发电机的并联运行，是同步发电机的最基本的运行方式，其并联必须满足哪些条件？

6-22　图 6-43 所示为三相异步电动机的自锁正转控制电路，分别指出错点和改正接法。

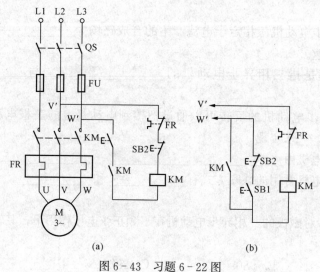

图 6-43　习题 6-22 图

参 考 文 献

[1] 李殷. 电工电子技术基础. 天津：天津大学出版社，2009.

[2] 蒲晓湘，石红. 电路与磁路. 北京：中国电力出版社，2010.

[3] 李伟. 电工技术及实训. 北京：中国电力出版社，2009.

[4] 席时达. 电工技术. 2版. 北京：高等教育出版社，2000.

[5] 张小兰. 电机学. 2版. 重庆：重庆大学出版社，2007.

[6] 蔡元宇. 电路及磁路. 2版. 北京：高等教育出版社，1999.

[7] 常晓玲. 电工技术. 北京：机械工业出版社，2008.

[8] 秦增煌. 电工技术. 5版. 北京：高等教育出版社，1999.

[9] 王世才. 电工基础及测量. 2版. 北京：中国电力出版社，2006.

[10] 周南星. 电工基础. 北京：中国电力出版社，2006.

[11] 张晓辉. 电工技术. 北京：机械工业出版社，2009.

[12] 周绍敏. 电工基础 简明版. 北京：高等教育出版社，2007.

[13] 张明金. 电工技术与实践. 北京：电子工业出版社，2010.

[14] 王继达. 电工基础. 武汉：武汉理工大学出版社，2006.

[15] 于志洁. 电工基础（修订本）. 北京：电子工业出版社，2000.

[16] 王卫兵. 电工技术（任务驱动模式）. 苏州：苏州大学出版社，2009.

[17] 杨静生. 电工电子技术（非电类专业用）. 北京：机械工业出版社，2004.

[18] 侯大年. 电工技术. 北京：电子工业出版社，2002.

[19] 项仁寿. 实用电工基础. 北京：中国建材工业出版社，1997.

[20] 张玉萍. 电工基础. 北京：北京邮电大学出版社，2006.